JN098921

企業事例に学ぶ

環境法
マネジメント
の方法

|25|
のヒント

ADACHI HIROYUKI

安達 宏之 [著]

第一法規

はじめに

　気づけば、環境コンサルタントの仕事を始めて20年が過ぎました。

　この間、「企業と環境」をめぐる世の中の動きが大きく変わりました。筆者がこの仕事を始めた頃は、工場を持つ製造業などの環境マネジメントシステム（EMS）の活動が目立っていました。しかし最近では、ESG投資やSDGsの盛り上がりを受けて、金融機関との接点も増えるなど、これまでにない動きがあります。

　ただし、新しい動きが次々と出てきているとはいえ、企業の中で、本書のテーマである「環境法」に取り組むことは不変のものです。ESGやSDGsにいくら取り組んでも、足元にある環境法に着実に対応できなければ何の説得力もないからです。

　一方、環境法への取組みは地味ですし、様々なリスクも抱えています。環境法への対応に関する、各社が持つ様々なノウハウやトラブル事例は、他社にとって貴重な教訓になるにもかかわらず、なかなかそれらが表に出ることはありません。

　そこで、本書では、企業実務の現場で起きた事例を取り上げながら、環境法マネジメントの方法をまとめました。

　第1部では、10の事例を取り上げ、企業担当者のための環境法の読み方を示しています。ほとんどの担当者は環境法に不慣れなまま業務をせざるをえない立場です。そうした方々に、環境法をどう読むのか、できる限りわかりやすくまとめました。

　第2部では、15の事例を取り上げ、具体的な環境法マネジメントの方法を示しています。ある瞬間、環境法を遵守することはそれほど難しいものではありません。しかし、継続的に遵守するということは、人も、事業も、法令も次々に変化するこの世界ではかなりの困難が伴います。

そこで、重要なのが環境法マネジメントです。各社で対応するときのヒントをたくさん散りばめました。

　本書は、資源循環ビジネスを全国で展開する大栄環境株式会社のメールマガジンにて長期連載中の記事をベースに、構成を改めるとともに、記事内容の改訂や追加により仕上げたものです。

　大栄環境の皆さまには、この10年以上、いつも気持ちよく自由に記事を書かせていただいています。このたび、書籍としての発行についても快諾いただきました。心から感謝申し上げます。

　また、本書の出版に際して、全国各地の企業で筆者とお付き合いいただいている又はいただいていたご担当者の皆さまにも、一人ひとりのお名前を記すことができませんが、心から感謝申し上げます。パンデミックにより、皆さんと直接顔を合わせる機会が残念ながら激減しました。皆さんとご一緒に活動してきたことが筆者の仕事のモチベーションであると改めて実感しています。

　最後に、本書の編集担当の石川道子さんには、今回も企画の段階から編集まで一貫して力強く、かつ丁寧にサポートいただきました。心から御礼申し上げます。

安達　宏之

目次

本書で使用する法令略称一覧（50音順）

略称	正式名称
オゾン層保護法	特定物質等の規制等によるオゾン層の保護に関する法律
温暖化対策推進法	地球温暖化対策の推進に関する法律
化管法	特定化学物質の環境への排出量の把握等及び管理の改善の促進に関する法律
化審法	化学物質の審査及び製造等の規制に関する法律
家電リサイクル法	特定家庭用機器再商品化法
公害防止組織法	特定工場における公害防止組織の整備に関する法律
自動車リサイクル法	使用済自動車の再資源化等に関する法律
省エネ法	エネルギーの使用の合理化等に関する法律（なお、令和5年4月からは、「エネルギーの使用の合理化及び非化石エネルギーへの転換等に関する法律」）
食品リサイクル法	食品循環資源の再生利用等の促進に関する法律
毒劇法	毒物及び劇物取締法
廃棄物処理法	廃棄物の処理及び清掃に関する法律
フロン排出抑制法	フロン類の使用の合理化及び管理の適正化に関する法律

※本書の内容現在：令和5年1月（原則）

第 1 部

環境法の読み方

～企業担当者の目線から

省略しながら法令原文を読む

 事例

　ゴム製品を製造する工場を訪問したときのことです。200人ほどの規模の会社で、環境法の担当者は30代の男性でした。

　その会社では、自社に適用される環境法の規制を「法規制登録簿」という一覧表にまとめていましたが、それを見て驚きました。A3判の分厚い書類で、どのページも小さな文字がぎっしり詰まっているのです。ページを数えてみると、実に100ページを超えていました。

　「これで、環境法の規制の内容が理解できますか」と聞くと、「理解できるわけないじゃないですか。法律を勉強してきた人ならわかるでしょうが、私は技術屋ですよ。もう困り果てています……」。

　一覧表を見てみると、適用される規制事項の欄に記載されている内容のほとんどが、法令原文をそのまま"コピペ"したものでした。

解説

難解な法令原文をどう読み解くか

　ISO14001やエコアクション21など、環境マネジメントシステム（EMS）の第三者認証を取得している企業では、自社に適用される環境法規制を文書化することが求められています。「法規制登録簿」や「環境法規制一覧表」などと呼ばれていますが、文書の名称は企業によって異なります（以下、本書では便宜的に「法規制一覧表」と統一します）。

　本書第2部でも解説するように、こうした第三者認証の取得の有無にかかわらず、環境法を遵守し続ける企業でいるためには、自社に適用される環境法規

制を一覧で見られるようにすることは必須であると筆者は考えています。ところが、この事例のように、せっかく一覧化しても利用できていない企業や担当者が多いのもまた現実なのです（法規制一覧表のまとめ方については、第2部ヒント20で解説します）。

　さて、この事例では、法規制一覧表に掲載されている規制事項の記述が、ほとんど法令原文でした。筆者の感覚で言うと、これでは大学の法学部出身の社員でも理解できる人は少ないのではないかと思います。

　例えば、廃棄物処理法の次の条文が法規制一覧表に書いてあったとしたら、皆さんは内容をすぐに理解できるでしょうか。

廃棄物処理法第12条の3第1項の原文

> **第12条の3**　その事業活動に伴い産業廃棄物を生ずる事業者（中間処理業者を含む。）は、その産業廃棄物（中間処理産業廃棄物を含む。第12条の5第1項及び第2項において同じ。）の運搬又は処分を他人に委託する場合（環境省令で定める場合を除く。）には、環境省令で定めるところにより、当該委託に係る産業廃棄物の引渡しと同時に当該産業廃棄物の運搬を受託した者（当該委託が産業廃棄物の処分のみに係るものである場合にあつては、その処分を受託した者）に対し、当該委託に係る産業廃棄物の種類及び数量、運搬又は処分を受託した者の氏名又は名称その他環境省令で定める事項を記載した産業廃棄物管理票（以下単に「管理票」という。）を交付しなければならない。
> 2　（以下略）

　一般に法令原文には、「（　）」が多く、またくどいほどに丁寧な（？）表現が使われますので、それを理解するのにはコツが必要です。

　そのコツとは単純なものです。意味がわからないときは、まずは「（　）」やくどい表現を取り除いて読んでみるのです。上の条文から、それらを取り除いてみると、次のようになるでしょう（取り除いた箇所を「……」で表現）。

廃棄物処理法第12条の3第1項の原文を省略したもの

> **第12条の3** …産業廃棄物を生ずる事業者…は、その産業廃棄物…の運搬又は
> 処分を他人に委託する場合…には、…産業廃棄物の引渡しと同時に…運搬を
> 受託した者…に対し、…産業廃棄物管理票…を交付しなければならない。
> **2** （以下略）

　つまり、この条文は、排出事業者が産業廃棄物の処理を委託するときには産業廃棄物管理票（マニフェスト）を交付しなさいという有名な規制を定めたものです。

最初は誰もが環境法を知らない

　法令の原文を読まずに仕事ができればそれに越したことはありませんが、行政のパンフレットや市販の本だけではわからない場合も多いので、どうしても法令原文をある程度は読みこなす必要があります。慣れるまでは、上記の方法で法令原文を読むとよいでしょう。その際、「誰が何をしなければならないのか」を考えながら読むと、より条文の理解が進むと思います。

　「自分だけが法令のことを知らない」と思い悩む担当者が少なくありませんが、それは誤解です。多くの担当者は環境法の素人です。

 ポイント

☑ 法令原文を読むとき、慣れるまでは「（　）」やくどい表現を省略する

☑ 同時に、「誰が何をしなければならないのか」と考えながら読む

☑ 「自分だけが法令を知らない」と思い込まない

ヒント 02　規制対象を見極める

事例

　ある機械器具のメーカーの工場を訪問していたときのことです。

　製造工程の一部において、やや騒音が気になるところがありました。そこで、「騒音規制法などの規制の適用は受けていますか？」と聞いたところ、次のような答えが返ってきました。

　「実は、私も前からその点が気になって、昨年、敷地境界線で騒音を測定してみたところ、騒音規制法の規制基準をオーバーしていました。どうすればいいでしょうか……？」

解説

法令は規制対象を厳密に定める

　一般論として、事業所の騒音が気になったときに測定をしてみることはよいことでしょう。ただし、環境法への対応方法の良し悪しとしては、少々検討が必要だろうと思います。

　そもそも、環境法を含めて、規制措置を定める法令では、その規制対象を厳格に定めています。これは当たり前のことであって、規制対象がはっきりしない条文に違反した場合に罰則が科されるという法律があるとすれば、それは「何人も、法律の定める手続によらなければ、その生命若しくは自由を奪はれ、又はその他の刑罰を科せられない。」という日本国憲法第31条に定める罪刑法定主義に反することになってしまうからです。

　したがって、法令調査をする際には、まずこの規制対象を見極めることが重要となります。

環境法の規制対象の例を掲げると、次の図表の通りです。

環境法の規制対象の例

法律名	規制対象	注意すべき点
水質汚濁防止法 （排水規制）	公共用水域に排水し、かつ、特定施設を設置している事業場	○公共用水域に排水しても、特定施設がなければ該当しない ○特定施設は約100種類あるので、しっかり確認する ○条例による横出し規制がないかどうか確認する
騒音規制法 （事業場規制）	指定地域内にあり、かつ、特定施設を設置している事業場	○特定施設は11種類のみ。指定地域内でも、それがなければ該当しない ○条例による横出し規制がないかどうか確認する
悪臭防止法 （事業場規制）	規制地域内にある事業場	○特定の施設に限定せず、対象地域内のすべての事業場を規制する ○条例による横出し規制がないかどうか確認する

　まず、水質汚濁防止法の排水規制の場合、規制対象となるのは、「公共用水域に排水し、かつ、特定施設を設置している事業場」となります。

　「公共用水域」とは、かなり広い概念のものであり、海や川、それに接続する水路全般を指します。わかりやすく言えば、終末処理場に接続する下水道に排水しない限り、その排水先は原則として公共用水域に該当すると考えてよいでしょう。

　「特定施設」とは、本法施行令別表第1に掲げられているものです。

　約100種類あり、全業種に関係する「65　酸又はアルカリによる表面処理施設」や「71　自動式車両洗浄施設」もあれば、特定の業種に関係する「62　非鉄金属製造業の用に供する施設」の「イ　還元そう」などもあります。

　公共用水域に排水していたとしても、特定施設がなければ本法の排水規制の適用は受けません。極端に言うと、有害物質をそのまま流出していたとしても、

水質汚濁防止法に基づく法令違反に問われることはありません（ただし、廃棄物処理法の不法投棄などに該当し、検挙される可能性はあります）。

　また、都道府県等の条例では、特定施設以外の施設を規制対象にしていることもあります。

　例えば、「静岡県生活環境の保全等に関する条例」では、「アスファルトプラントの廃ガス洗浄施設」など4種類の施設を独自規制の対象にしています。こうした規制は、一般に横出し規制と呼ばれます。

　次に、騒音規制法の場合、指定地域内にあり、かつ、特定施設を設置している事業場が規制対象となるので、水質汚濁防止法の規制対象の設定の仕方と似ています。

　ただし、この特定施設については、水質汚濁防止法が約100種類を定めているのに対して、騒音規制法では原動機の定格出力7.5kW以上の空気圧縮機など11種類のみとなります。

　一方、都道府県等の条例が独自に定める騒音規制の対象施設は多く見られます。

　例えば、上記の静岡県条例では、0.75kW以上のクーリングタワーなど14種類を規制対象にしています。

広範囲に規制する法令も

　さらに、悪臭防止法では、規制地域内にある事業場を規制対象にしています。

　この法律は、上記の二つの法律と異なり、特定の施設に限定していないことに注意すべきです。つまり、対象地域内のすべての事業場を規制しているのです。悪臭を発生させている場合、規制基準を超えていれば、どのような事業場であっても法令違反になるということです。

　また、本法についても、条例による横出し規制がありうるので、注意すべきでしょう。

　例えば、上記の静岡県条例では、悪臭防止法と異なり、セロファン製膜施設

など10種類の施設に限定して、設置等の届出や規制基準遵守を義務付けています。

　以上のことを踏まえて、冒頭で紹介した事例を見ると、騒音が気になるからやみくもに測定するだけでなく、同時に、騒音規制法の特定施設や条例の対象施設が工場内にないかどうかも確認すべきでした。

　ちなみに、この工場では、その後、法令の対象施設の有無を調査しました。すると、騒音規制法の特定施設はなかったものの、条例で定める横出し規制の対象施設（3.75〜7.5kW 未満のエアコンプレッサー）が見つかったため、市役所に届出を行うとともに、規制基準を遵守するための防音措置を実施したそうです。

　「規制対象を見極める」。意外と見落としがちな箇所ですので、注意するとよいでしょう。

 ポイント

☑ 法令は規制対象を厳密に定める
☑ 広範囲に規制する法令もある
☑ 法律や条例の対象に該当するかどうか、しっかり確認する

ヒント
03 「直罰」の条文だけを見ない

事例

　プラスチック製品を製造する企業の工場にて、法規制一覧表を見ていた
ときに、不思議に思うことがありました。

　その工場は、騒音規制法の指定地域内にあり、大型のエアコンプレッ
サーなどの特定施設もあるので、同法の規制を受けています。

　法規制一覧表には、確かに騒音規制法も含まれており、市役所への届出
義務の記載もされているのですが、規制基準の遵守に関する項目がすっぽ
りと抜けているのです。

　「規制基準の遵守も義務なのに、なぜ抜けているのですか？」と聞くと、
次のような答えが返ってきました。

　「このリストでは、罰則付きかどうかに着目してまとめています。規制
基準の遵守規定は、違反しても罰則がないので抜かしてもよいと判断しま
した。」

解説

罰則には直罰と間接罰がある

　これは、明らかに法令の規制を誤解しています。騒音規制法の規制基準に違
反した場合、確かに直ちに罰則が適用されることはありませんが、これも義務
規定であり、適切に運用すべき規定です。

　この企業が誤った原因は、法規制に違反した場合の法の対応方法が、「直罰」
と「間接罰」の二つに大きく分かれることへの認識が足りなかったことにある
と思います。

次の図表のように、法令の義務規定には、「直罰」と「間接罰」の二つのパターンがあります。

直罰と間接罰

罰則の種類	具体例	
	義務規定	義務に違反した場合の主な罰則等
直罰	●例：廃棄物処理法　何人も、みだりに廃棄物を捨ててはならない。（第16条）	○次の各号のいずれかに該当する者は、5年以下の懲役若しくは1,000万円以下の罰金に処し、又はこれを併科する。（中略） 14　第16条の規定に違反して、廃棄物を捨てた者（第25条第1項第14号）
間接罰	●例：騒音規制法　指定地域内に特定工場等を設置している者は、当該特定工場等に係る規制基準を遵守しなければならない。（第5条）	○市町村長は、指定地域内に設置されている特定工場等において発生する騒音が規制基準に適合しないことによりその特定工場等の周辺の生活環境が損なわれると認めるときは、当該特定工場等を設置している者に対し……騒音の防止の方法を改善し、又は特定施設の使用の方法若しくは配置を変更すべきことを勧告することができる。（第12条第1項） ↓ ○市町村長は、……前項の規定による勧告を受けた者がその勧告に従わないときは……騒音の防止の方法の改善又は特定施設の使用の方法若しくは配置の変更を命ずることができる。（第12条第2項） ↓ ○第12条第2項の規定による命令に違反した者は、1年以下の懲役又は10万円以下の罰金に処する。（第29条）

　廃棄物処理法は、第16条において、「何人も、みだりに廃棄物を捨ててはならない。」と定めています。いわゆる不法投棄の禁止規定です。
　これに違反して廃棄物を捨てた場合、第25条において、5年以下の懲役若

しくは1,000万円以下の罰金に処すなどの罰則を定めています。

　不法投棄をした場合に直ちに罰則が適用される形をとっているということは、例えば、その行為をした者は警察に検挙されることもありうるということです。

　ちなみに、廃棄物処理法で定める不法投棄への罰則は上記の第25条第1項第14号だけではありません。第25条第2項では、不法投棄罪の「未遂」についても同様に罰することを定めていますし、法人の従業者などが不法投棄をした場合、行為者を罰するほか、その法人に対して3億円以下の罰金刑を科すという条文もあります。本法がいかに厳しい法律か、よくわかります。

間接罰にも要注意

　では、騒音規制法の場合はどうでしょうか。

　騒音規制法第5条では、「指定地域内に特定工場等を設置している者は、当該特定工場等に係る規制基準を遵守しなければならない。」と定めています。

　対象者に対して規制基準を遵守することを義務付けています。廃棄物処理法の不法投棄禁止規定と同様に義務規定と言えます。

　ところが、本条に違反した場合に直ちに罰則が適用される形はとっていません。

　具体的に言うと、第12条第1項において、規制基準に適合しない対象の工場等がある場合、まず市町村長が騒音防止の方法を改善することなどを勧告することになります。

　勧告を受けた者がその勧告に従わないとき、市町村長は、期限を定めて必要な限度において、騒音の防止の方法の改善又は特定施設の使用の方法若しくは配置の変更を命ずることができます。

　命令にも違反した場合、1年以下の懲役又は10万円以下の罰金に処するなど、初めて罰則が適用されることになります。

　また、前述した廃棄物処理法と同様に、法人の従業者などが違反した場合、

行為者を罰するほか、その法人に対しても10万円以下の罰金刑を科すという条文もあります。

　このように、騒音規制法の規制基準の遵守規定の場合については、規定に違反しても直ちに罰則が適用されることにはなりません。市町村長からの勧告と命令を経て、それにも従わない場合、初めて罰則が適用されます。

　こうした命令を前置きした間接罰は、直罰とは異なります。しかし、だからと言って、それに従わなければ、最終的に罰則が適用されることになるので、軽く見てよいわけがありません。

　なお、騒音問題については、近隣からの苦情も多く、自治体も厳しく指導する公害なので、その意味でも騒音対策を軽く見てはいけません。

　事業者に何らかのことを求める条文があるときは、直罰の規定かどうかを意識するだけでなく、勧告等を通して、最終的に罰則が及ぶ条文となっているかにも注意すべきでしょう。

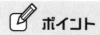 ポイント

☑ 罰則に、直罰と間接罰の2種類がある

☑ 直接罰則が紐づかなくても、間接的に罰則が適用されることがある

☑ 直罰と間接罰それぞれに関わる規制を遵守する

ヒント
04
「判断基準」も義務規定として対応する

事例

　ある商社を訪問し、環境法の勉強会をしていたときのことです。

　おそらく環境法についてそれなりに勉強している担当者から次のような質問を受けました。

　「フロン排出抑制法では、業務用エアコンの簡易点検を3カ月に1回以上行うことが定められていますが、違反した場合に罰則を受ける可能性があるのは、7.5kW以上の機器の管理者だけですよね？　そうであれば、弊社にはそこまで大きな機器はないので、厳密には遵守しなくてもいいのではないですか？」

　筆者は少し考えた上で、「議論の余地はあると思いますが、御社の場合も簡易点検は義務だと考えたほうがいいと思いますよ」と答えました。

解説

規制基準と判断基準

　フロン排出抑制法や省エネ法、食品リサイクル法など、環境分野の法律の条文を読んでいると、「判断基準」という用語がよく登場していきますが、これはどのような意味なのでしょうか。「規制基準」とは異なるものなのでしょうか。

　次の図表の例の通り、規制基準と判断基準では、違反した場合の措置について明らかに大きな差があります。

規制基準と判断基準の違い

基準の種類	具体例	
	基準の内容	違反した場合の措置
規制基準	●例：水質汚濁防止法 排出水を排出する者は、その汚染状態が当該特定事業場の排水口において排水基準に適合しない排出水を排出してはならない（第12条）	・排水基準に違反した場合、6カ月以下の懲役又は50万円以下の罰金などの罰則がある（第31条第1項第1号） ・排水基準に違反するおそれがある場合、都道府県知事による改善命令や一時停止命令が出されることがある（命令に違反した場合は罰則が適用（第30条））（第13条第1項）
判断基準	●例：フロン排出抑制法 主務大臣は、フロン類の管理の適正化のために取り組むべき措置に関して第一種特定製品の管理者の「判断の基準」を定める（第16条）（⇒対象事業者はこれを遵守しなければならない）	・都道府県知事は、「判断の基準」を勘案して必要な指導及び助言をすることができる（第17条） ・「判断の基準」に照らして著しく不十分であると認めるときは、専門的な定期点検の対象機器を使用等する場合に限り、都道府県知事による勧告、公表、命令が出されることがある（命令に違反した場合は罰則が適用）（18条）

　法令の条文に即して、具体的に解説していきましょう。

　まずは、規制基準の例として、水質汚濁防止法の基準と違反した場合の措置を見ていきます。

　本法第12条第1項では、排出水を排出する者に対して、その汚染状態が当該特定事業場の排水口において排水基準に適合しない排出水を排出してはならないと定めています。対象事業者（公共用水域に排水している特定事業場）への排水基準遵守を義務付けている規定となります。

　この規定に違反した者に対して、本法第31条第1項では、6カ月以下の懲

役又は50万円以下の罰金に処するという罰則を定めています。

　つまり、排水基準を超える汚水を排出した対象事業者を警察や海上保安庁はいつでも検挙することができるということですので、この規定はとても重い条文となります。

　こうした直罰規定だけでなく、本法第13条第1項では、排水基準に違反するおそれのある対象事業者に対して、都道府県知事が改善命令や一時停止命令を出すことができる規定も設けています。

　こうした命令に違反した場合は、1年以下の懲役又は100万円以下の罰金に処するという罰則規定もあります（第30条）。

判断基準のしくみ

　次に、判断基準の例を見てみましょう。

　フロン排出抑制法には、次の一文があります（第16条第1項）。

　「主務大臣は、第一種特定製品に使用されるフロン類の管理の適正化を推進するため、第一種特定製品の管理者が当該フロン類の管理の適正化のために管理第一種特定製品…の使用等に際して取り組むべき措置に関して第一種特定製品の管理者の判断の基準となるべき事項を定め、これを公表するものとする。」

　要するに、「主務大臣は、管理者が取組事項を決めるときに『これでいいかな』と判断する目安を定めます」ということです。

　この条文に基づいて、主務大臣は判断基準を定めています。具体的には、「第一種特定製品の管理者の判断の基準となるべき事項」（平成26年経済産業省・環境省告示第13号）という告示となります。

　例えば、冒頭で示した、業務用エアコン等の簡易点検の義務などの規定は、この告示の第2の1において、次のように定められています。

　「第一種特定製品の管理者は、管理第一種特定製品について簡易な点検（以下「簡易点検」という。）を行うこと。」

　こうした判断基準は、前述の水質汚濁防止法の規制基準と異なり、違反した

場合の措置が大きく異なります。

　都道府県知事は、こうした対象機器に使用されるフロン類の管理の適正化を推進するため必要があると認めるときは、その管理者に対し、「判断の基準」を勘案して必要な指導及び助言をすることができます（本法第17条）。

　さらに都道府県知事は、こうした対象製品の使用等の状況が判断基準に照らして著しく不十分であると認めるときは、管理者に対し、その判断の根拠を示して、対象機器の使用等に関し必要な措置をとるべき旨の勧告をすることができます（本法第18条第1項）。

　ただし、勧告を受ける可能性のある対象者は、対象機器の管理者すべてではなく、「管理第一種特定製品の種類、数その他の事情を勘案して主務省令で定める要件に該当するものに限る」と限定されています。

　具体的には、本法施行規則第2条に基づき、専門的な定期点検が義務付けられている7.5kW以上の対象機器の管理者のみに限定されているのです。

　こうした限定された管理者が勧告に従わなかった場合、都道府県知事は、その旨を公表することができます（第18条第2項）。

　また、それでも勧告に基づく措置をとらなかった場合で、フロン類の管理の適正化を著しく害すると認めるときは、その者にその勧告に係る措置をとるべきことを命ずることができます（本法第18条第3項）。命令に違反した場合、50万円以下の罰金に処するという罰則があります（本法104条）。

罰則がなくても義務と捉えるべき

　このように、フロン排出抑制法の判断基準は、対象者が限定され、かつ、判断基準に照らして「著しく」不十分であると認めるときに勧告等の措置が定められており、水質汚濁防止法のような厳しい規制基準とは明らかに異なって緩やかなものと言えるでしょう。

　とはいえ、判断基準も、事業者にとっては規制基準よりもランクは下がるかもしれませんが、やはり「義務」と言わざるをえないと筆者は考えます。

　条文上、罰則に行き着く対象者にとって判断基準は明らかに義務です。また、事例の事業者のように、そうした対象に該当しないとしても、判断基準には抽象的な事柄ではなく、3カ月に1回以上の簡易点検など、具体的に行うべき事項が記載されています。それに逸脱した場合は、対象機器の管理者すべてに行政の指導・助言が認められています。

　「行政指導は命令ではないから従わなくてもよい」という考え方は、本質的には正しいと筆者も思いますが、とはいえ、行政指導の強いわが国で操業する事業者にとって、容易に選択できるものではありません。

 ポイント

☑ 規制基準に違反すると罰則が適用される

☑ 判断基準への逸脱も罰則に到達する場合がある

☑ 判断基準は義務と考えて対応すべきである

届出義務を二つに分けて管理する

 事例

　ある病院の EMS 活動を確認していたときのことです。

　1 年ほど前、その病院では、施設を増やす工事があり、それに伴いボイラーの増設工事を行いました。そのボイラーは、大気汚染防止法のばい煙発生施設に該当するものであり、設置の際には届出が義務付けられています。ところが、病院はその義務を知らずに届出漏れを起こしたそうです。

　再発防止策を話し合いながら、筆者が EMS 事務局作成の法規制一覧表を見てみると、次のような記述がありました。

法令名	対象施設	規制事項
大気汚染防止法	ばい煙発生施設（ボイラー）	設置・変更・廃止等の届出を行うこと

　これを直ちに誤りだとは思いませんでしたが、この記述で果たして再発が防止されるのか、筆者は少し心配になりました。

解説

同じ届出義務でも届出のタイミングが異なる

　この事例について、実際の大気汚染防止法の届出規定の条文を見ながら考えてみましょう。

　本法第 6 条第 1 項では、「ばい煙を大気中に排出する者は、ばい煙発生施設

を設置しようとするときは、環境省令で定めるところにより、…都道府県知事に届け出なければならない。」と定めています。

　一方、本法第11条では、「第6条第1項又は第7条第1項の規定による届出をした者は、その届出に係る第6条第1項第1号若しくは第2号に掲げる事項に変更があつたとき、又はその届出に係るばい煙発生施設の使用を廃止したときは、その日から30日以内に、その旨を都道府県知事に届け出なければならない。」と定めています。

　二つの条文の違いがわかるでしょうか。

　よく読み返してみると、第6条第1項では、「ばい煙発生施設を設置しようとするとき」と書いてあるので、届出は、設置する前に行うこととなっています。

　一方、第11条では、所定の届出事項に「変更があつたとき」、又は「ばい煙発生施設の使用を廃止したとき」と書いてあるので、届出は、事後に行うことになっています。

　前者は事前に、後者は事後に届出を行うということなので、同じ届出義務でも、届出のタイミングが異なることがわかります。

設置や構造等の変更の届出に注意

　特に気をつけなければならない届出義務は、本法第6条第1項を含む、ばい煙発生施設の設置や構造等の変更に関するものです。

　本法第10条第1項では、「第6条第1項の規定による届出をした者又は第8条第1項の規定による届出をした者は、その届出が受理された日から60日を経過した後でなければ、それぞれ、その届出に係るばい煙発生施設を設置し、又はその届出に係るばい煙発生施設の構造若しくは使用の方法若しくはばい煙の処理の方法の変更をしてはならない。」と定めています。

　設置や構造等の変更を行おうとする場合は、その約2カ月前には届出を行わなければならないのです。

本法では、この約2カ月間の間に限って、都道府県知事に対して、届出があったばい煙発生施設のばい煙量などが排出基準に適合しないと認めるときは、届出受理日から60日以内に限って施設の構造等に関する計画変更や施設設置に関する計画の廃止を命ずることをできる規定を設けています（本法第9条）。

　つまり、本法では、ばい煙発生施設の設置や構造等の変更は、大気汚染を招きかねないことから、事前に届出をさせ、そのようにならないことを都道府県知事がチェックすることになっているのです。

　ところが、こうした約2カ月前の届出義務があることを知らずに、対象施設を設置したり、その構造等を変更したりして、後になって届出義務違反を知る企業が時折見られます。

　こうした規制があることをしっかりと認識するとともに、施設や設備の設置又は構造等の変更の際には、必ず適用される法令がないかどうかを確実にチェックするしくみが不可欠なのです。

法規制一覧表の記述に一工夫を

　一方、代表者氏名の変更など、届出事項の軽微な変更や施設の廃止については、大気汚染を招くわけではありません。ただし、届出先の管理という意味では放っておくわけにもいかないので、これら事項が発生した日から30日以内の届出を義務付けています。

　以上のように、一言で「届出」と言っても、環境汚染のおそれに照らして2種類の「届出」があるのです。

　したがって、届出制度に適切に対応するためには、2種類に分けて管理するのがよく、法規制一覧表についても、例えば次のような体裁にするのが無難と思われます。

ばい煙発生施設の届出義務（例）

対象施設	規制事項
2号棟のボイラー （ばい煙発生施設）	設置・構造等の変更をする場合、その約2カ月前には届出を行うこと
	施設の軽微な変更（代表者氏名など）や廃止、承継の場合、発生した日から30日以内に届出を行うこと

　もちろん、上記の表は一例にすぎません。

　事例で掲げたような体裁にするのであれば、例えばボイラーの手順書等では、届出制度が2種類あることを前提にした内容にすべきと思われます。

 ポイント

☑ 届出義務には2種類ある

☑ 設置・構造等の届出は事前のもの。代表者氏名変更などの軽微な変更
　の届出は事後のもの

☑ 2種類の届出に分けて管理すべき

ヒント

06 努力義務規定は、吟味して管理対象とする

🏭 事例

　あるエネルギー関連の企業を訪問した際に、内部監査にて環境法の遵守状況を確認するための「環境法チェックリスト」を拝見しました。

　チェック項目が膨大にのぼり、これはチェックするほうもチェックされるほうも大変だなと思いながら内容を見てみると、抽象的な記述が目立ちます。

　例えば、温暖化対策推進法のチェック項目の一つに次のようなものがありました。

条項	順守義務	評価
温暖化対策推進法第23条	事業者は、事業の用に供する設備について、温室効果ガスの排出の量の削減等のための技術の進歩その他の事業活動を取り巻く状況の変化に応じ、温室効果ガスの排出の量の削減等に資するものを選択するとともに、できる限り温室効果ガスの排出の量を少なくする方法で使用するよう努めなければならない。	○

💬 解説

努力義務規定とは

　上の条文は、典型的な「努力義務規定」です。これを企業がどこまで管理対象にするかどうか、企業の対応は分かれるようです。

　一般に、法律の条文のうち、事業者に対して何からの行為を求めるものには、「義務規定」と「努力義務規定」の2種類があります（図表参照）。

　図表のとおり、条文の末尾が「〜しなければならない。」又は「〜してはならない。」という表現をしている場合、義務規定であると考えるとよいでしょう。

　この場合、対象となる者は、原則として、そこに記載されている事項を遵守しなければなりません。違反した場合、行政からの命令や罰則などがあります。

義務規定と努力義務規定

種類	条文の表現例	具体例
義務規定	「〜しなければならない。」	●騒音規制法第6条第1項 指定地域内において工場又は事業場（特定施設が設置されていないものに限る。）に特定施設を設置しようとする者は、その特定施設の設置の工事の開始の日の30日前までに、環境省令で定めるところにより、次の事項を市町村長に届け出なければならない。
	「〜してはならない。」	●水質汚濁防止法第12条第1項 排出水を排出する者は、その汚染状態が当該特定事業場の排水口において排水基準に適合しない排出水を排出してはならない。
努力義務規定	「〜に努めなければならない。」	●温暖化対策推進法第24条第1項 事業者は、国民が日常生活において利用する製品又は役務（以下「日常生活用製品等」という。）の製造、輸入若しくは販売又は提供（以下この条において「製造等」という。）を行うに当たっては、その利用に伴う温室効果ガスの排出の量がより少ないものの製造等を行うとともに、当該日常生活用製品等の利用に伴う温室効果ガスの排出に関する正確かつ適切な情報の提供を行うよう努めなければならない。

　一方、条文の末尾が「〜に努めなければならない。」と記載されている場合、それは努力義務規定となります。

努力義務規定には、違反した場合の明確な罰則等が定められていません。対象となる者にその規定内容を実施するよう努力することを求めているものの、具体的に義務付けられたものとは言えない規定のことです。

　図表における温暖化対策推進法第24条第1項を読んでみるとわかるように、実際の条文を読んでも、個別具体的な事項を定めているわけではなく、一般的な責務が書かれています。

　このように、努力義務規定は義務規定とは明確に異なるものであり、企業に個別具体的な義務を求める条文ではありません。例えば、ISO14001の順守義務のうち、「法的要求事項」に該当するものとは言えないと考えられます。

　一方、努力義務規定を法規制一覧表に書き込む企業も少なくありません。

　環境法には努力義務規定が数多くあるので、これを法規制一覧表に書き込むと膨大な量となってしまいます。

　その結果、本来、自社が遵守すべき事項（義務規定）が何であるのかを理解できなくなる担当者も出てきているようです。

努力義務規定を EMS 活動に生かす

　そこで、努力義務規定を法規制一覧表に含める場合は、「それは自社が遵守すべき事項か」を自問し、厳選して書き込む姿勢が求められます。

　平成30年、気候変動適応法が成立しました。

　本法は、地球温暖化が深刻化することを背景に、これまでの温暖化対策だけでは不十分となり、温暖化に適応するための施策を講じざるをえなくなった事態を受けて成立したものです。

　ただし、本法はあくまでも気候変動対策の枠組を定めるものであり、企業に対して何かを義務付けるものではありません。

　企業に関連する主な規定は、次のとおりです。

●気候変動適応法

（事業者の努力）

第5条　事業者は、自らの事業活動を円滑に実施するため、その事業活動の内容に即した気候変動適応に努めるとともに、国及び地方公共団体の気候変動適応に関する施策に協力するよう努めるものとする。

食品関連のある企業では、自社の法規制一覧表に本規定を載せていました。

その意図を確認したところ、「産地を開拓し、農業者とともに持続可能な農業支援と食材提供をしてきた食品産業として、気候変動適応は正面から取り組むべきテーマ。努力義務であることは承知しているが、法規制一覧表に載せて、自ら遵守すべき規定と捉えた」ということでした。

そして、その具体的な取組内容を「自社の事業活動への気候変動の影響を調査分析して、対策を検討する」と自ら決めていました。現在、その年間計画を策定し、活動を進めています。

努力義務規定を「社会の方向性」と捉えて、主体的に取り組む好事例といってよいかと思います。

このように、適用規制をリスト化する際には、まずは義務規定を確実に遵守できるようにすべきであり、その上で、努力義務規定を前向きに受け止めて、自社であればどのような対応ができるかを検討し、その次の活動に進むためのツールとして活用するとよいでしょう。

 ポイント

☑ 事業者向けの条文には、義務規定と努力義務規定がある

☑ 努力義務規定は、事業者に具体的な義務を求めない

☑ 余力があれば努力義務規定も取り上げる

ヒント
07 条例の規制を見落とさない

🏭 事例

　ある大手企業のグループ会社で、木製品を製造する工場でのできごとです。

　県の環境部門による立入検査によって、次から次に届出漏れの設備があることが判明しました。国の法律に基づく届出はほぼ行われていたのですが、条例に基づく届出が多数漏れていたのです。

　その工場は、ISO14001認証も受けており、法令遵守のしくみもあり、順守評価や内部監査も行っていましたが、長年にわたり、条例違反を見逃していました。

　しかも、その届出違反に関連した公害の苦情が行政に寄せられていたこともあり、法令遵守の体制の再構築について強く行政指導されることになりました。

❗ 解説

自治体が牽引してきた環境法

　この事例のように、条例に基づく届出を漏らすという事態は、時折見かけるものです。

　そもそも日本の環境法の歴史を振り返ると、国の法律が整備される前に、地方自治体（都道府県と市町村）の条例の規制が先行してきました。

　1960年代の公害の時代も、その後の廃棄物の不法投棄・不適正処理が横行した時代も、地球温暖化問題が社会で広く共通認識を持つに至った最近の時代も、すべてそうです。

　自治体が環境対策を牽引し、続々と条例で新規制を整備してきました。

　その後、国が重い腰を上げて、新法や法改正により環境規制を定めていきます。ただし、しぶしぶ整備したためか（？）、国の規制の中身は条例よりも緩いものが多くありました。

　そうなると、すでに条例で規制を定める自治体は、国に新しい規制ができたからといって、自らの規制を廃止するとその地域ではかえって規制が緩くなってしまうので、取り下げるわけにもいきません。

　こうして、全国各地に条例による独自規制が見られるようになったのではないかと思います。

　企業は、こうした事情の社会の中で、国の規制とともに、自治体の規制も遵守しなければならないのです。

　そのためには、自社の事業所がある都道府県と市町村が定めるそれぞれの環境条例の規制事項をしっかりと調べて、該当する場合は遵守するしくみを構築し、運用しなければなりません。

　環境条例の規制事項をしっかりと調べるコツは、当たり前ですが、まずは何よりもその条例の規制対象が何かをチェックすることです。

　次の図表は、国の騒音規制法と静岡県の生活環境保全条例における規制対象のリストの一部です。

騒音規制法と静岡県条例の規制対象の違い（一部）

対象施設		国の騒音規制法	静岡県条例
金属加工機械	旋盤、ボール盤	※規制対象外	すべて
空気圧縮機（エアコンプレッサー）・送風機		原動機の定格出力7.5kW以上	原動機の定格出力3.75kW以上
建設用資材製造機械	アスファルトプラント	混練機の混練重量が200kg以上	すべて

騒音規制法は、圧延機械や機械プレスなどの金属加工機械を規制対象としていますが、静岡県条例では、それだけでなく、旋盤やボール盤などの金属加工機械も規制対象としています。

　また、エアコンプレッサーを設置している工場は多いでしょうが、騒音規制法では、原動機の定格出力7.5kW以上の設備に規制対象を限定しています。これに対して静岡県条例では、規制対象をぐっと裾下げしており、その半分の3.75kW以上に規制対象を広げているのです。これは決して珍しい規制ではありません。

　静岡県条例では、騒音規制法の対象施設以外の施設に対しても、規制の網をかけているのです。対象施設の設置者は、県に対して届出を義務付けるとともに、規制基準の遵守を義務付けています。

　このように、条例の規制は国の規制よりも厳しく、多種多様ですので、自社の対応状況が適切かどうかを継続的にチェックしていく取組みが求められるでしょう。

内部監査での条例チェックのしくみ

　ある企業では、ISO14001の内部監査のプロセスにおいて条例の遵法システムを導入しています。

　具体的には、監査前の勉強会において、被監査部門に適用される条例規制を再確認するとともに、被監査部門の設備リストを入手し、適用の可否を事前検討していました。その上で被監査部門を訪問し、議論・検討していたのです。

　適用対象か否か不明な場合は、後日、被監査部門が自治体に確認する手順となっています。この企業は全国にいくつかの工場を持っていますが、これを数年間繰り返すことにより、条例の遵法状況は格段に進歩したそうです。

　例えば、ある工場では条例に基づき産業廃棄物処理場に年1回、実地確認をしていましたが、別の工場ではそうした対応はしていませんでした。そこで、監査チームは監査計画の中に「廃棄物条例の規制と対応の確認」を組み込みま

した。

　そして、監査前に、各工場が適用される都道府県等の廃棄物条例を調べたところ、三重県や静岡県において、年 1 回の実地確認を義務付ける条例があるにもかかわらず、そこに所在する工場では実施していないことが明らかになり、監査で是正を指摘することになりました。

　もちろん、こうした取組みを一過性のものにしてはいけません。企業を取り巻く「法・業・人」は変わるからです（〈ヒント 12〉53p. 参照）。

　そこで、条例に改正がないかどうか、設備を新規に導入した場合に条例が適用されないかどうかなど、継続的にチェックしていくことも重要です。

 ポイント

- ☑ 環境法規制の大きな柱の一つは自治体の条例規制である
- ☑ 事業所がある都道府県と市町村それぞれの条例規制を調べる
- ☑ 条例の規制対象をしっかり確認する

ヒント 08　言葉の「定義」にこだわる

事例

　北関東で操業する金属加工会社にて、県の立入検査があり、公害関連法の届出対象施設の未届が複数指摘されてしまいました。そこで、事業所の環境担当者が、その改善に向けた取組みをしていたときの話です。

　法規制一覧表をチェックしていると、「騒音規制法・特定施設」の項目の中に、その対象施設として「研摩機」とあったのですが、同法のどこを探しても、「研摩機」が出てきません。

　不思議に思った担当者は、その後、社内資料や国や自治体のウェブサイトを当たり、ようやくそれが、国の騒音規制法ではなく、条例の規制対象であることが判明したそうです。

解説

定義が不明な施設を管理する？

　用語の定義や規制の根拠をはっきりさせずに管理しようとすると、上記のような問題がしばしば発生してしまいます。

　ちなみに、栃木県生活環境の保全等に関する条例（栃木県生活環境保全条例）では、騒音規制法の「特定施設」とは別に、独自に「特定施設」を定め、騒音規制法の対象地域以外の地域においても規制措置を講じています。また、騒音規制法が規制対象としていない金属加工機械の研摩機や、原動機の定格出力が0.75kW以上のクーリングタワーについては、騒音規制法の規制地域内においても規制対象にしています。

　この企業が操業する地域は、騒音規制法の指定地域内でありました。した

がって、法と条例二つの規制が適用され、法の規制する金属加工機械（原動機の定格出力が3.75kW以上のせん断機など）とともに、条例の規制する研摩機も規制対象となっていたのです。

　法も条例も、どちらを見ても「特定施設」と書いていますし、この企業でかつて法規制一覧表を作成した頃、根拠法令を「騒音規制法」と勘違いしてしまったのかもしれません。
　しかし、迷うことなく管理し続けるためには、例えば、次の表のように、定義を明確にした法規制一覧表が望まれます。

定義を明確にした法規制一覧表の記述例

	対象（根拠）	規制事項
改訂前	せん断機、研摩機（騒音規制法・特定施設）	届出、規制基準遵守（協定に基づき年1回測定）
改訂後	せん断機（騒音規制法・特定施設）	届出、規制基準遵守（協定に基づき年1回測定）
	研摩機（栃木県生活環境保全条例・特定施設）	

　上記はあくまでも一例です。表のように単に「研摩機（栃木県生活環境保全条例・特定施設）」にとどめず、より具体的に、「研摩機（栃木県生活環境保全条例・特定施設〔条例施行規則別表第1（4）〕）」と記述してもよいでしょう。
　いずれにしても、法令のどの規定を根拠に規制対象となっているかを簡便に理解できるような一覧表を目指すべきです。

排水基準の対象を探す

　また、別の企業を訪問し、法規制一覧表を見たところ、水質汚濁防止法の欄が設けられており、「排水基準の遵守」と記述されていました。

水質汚濁防止法では、河川などの公共用水域に排水し、かつ特定施設を設置している特定事業場に対して、届出や排水基準遵守の義務などが課されています。

　しかし、工場内を見渡してみても、特定施設は見当たりません。特定施設がなければ、排水基準遵守の義務もありません。

　そこで、ご担当者に「なぜ、水質汚濁防止法の排水基準遵守の義務を記載しているのですか？　御社は本法の特定施設がなく、排水基準遵守の規制対象ではないと思いますが」とお聞きしたところ、「でも、水質汚濁防止法第12条では特に規制対象を限定していないのではないですか？」と逆に問われてしまいました。

　水質汚濁防止法第12条第1項とは、次のとおりです。

　「排出水を排出する者は、その汚染状態が当該特定事業場の排水口において排水基準に適合しない排出水を排出してはならない。」

　確かに、この条文だけを読むと、特に特定施設のある事業場に限定しているようには読めません。

　しかし、この条文中に登場する「排出水」という用語については、本法第2条第6項において、その定義が次の通り明確にされているのです。

　「この法律において「排出水」とは、特定施設（指定地域特定施設を含む。以下同じ。）を設置する工場又は事業場（以下「特定事業場」という。）から公共用水域に排出される水をいう。」

　このように、法令は、一つの条文だけを読んで、すべてを理解することができないことがあります。用語の定義がどうなっているのかを必ず確認すべきです。

　特に上記の水質汚濁防止法の例が典型的な事例となりますが、法令は多くの場合、第2条に「定義」の条が設けられています。慣れないうちは、「定義」の条文をしっかり確認しておくことをおすすめします。

　法規制一覧表をどのレベルまで詳細にするかについては、各社において様々

な考え方があり、一概にその善し悪しを断定することはできません（具体的な方法は、〈ヒント20〉85p. 参照）。

　ただし、今回のように判断に悩むときは、その定義をきちんと確認し、明確にしておくことが望まれます。少なくても、次に引き継ぐ担当者が理解できる内容にしておくべきでしょう。

 ポイント

☑ 用語の定義や規制の根拠が不明なまま放置しない

☑ 定義を明確にした法規制一覧表にする

☑ 「引継ぎ文書として有効か」を意識して法規制一覧表の内容を決める

ヒント
09
法の役割分担を踏まえて管理する

事例

　関西にある小さな印刷会社を訪問し、「環境法の対応で困っていることは何ですか？」と質問したところ、「対応すべき法律の数が多くて管理が大変です」という返答がありました。

　しかし、工場内を見渡しても、環境負荷が大きい設備等はなく、適用される環境法がそれほど多いとも感じられません。そこで、法規制一覧表を見せてもらいました。

　すると、50ページ以上の一覧表が出てきました。

　この規模の会社でここまで膨大な法規制一覧表を持っているところは決して多くありません。

　「なぜだろう？」と中身を確認していたところ、直接適用されていない法律が多数掲げられていたのです。

　例えば、フロン規制に関連する法令として、オゾン層保護法、フロン排出抑制法、家電リサイクル法、自動車リサイクル法の4法が掲載されていました。

　しかし、この会社では、フロン規制に関連する対象設備としては、せいぜい業務用エアコンです。上記のうち、フロン排出抑制法の規制は適用されますが、他の法律の規制は適用されていませんでした。つまり、残りの3法は掲載する必要は必ずしもないのです。

　単に、フロン規制に関連する法令はすべて自社にも適用されると勘違いして、管理対象としていたのです。

🗨 解説

フロン対策に見る法の役割分担

このように、管理対象とする必要がないにもかかわらず、管理対象としていたがゆえに管理が大変になってしまい、かえって自らの管理を難しくしてしまう企業を見かけることがあります。

そうしたことがないよう、法の役割分担を知り、それぞれの法が自社を規制対象としているかどうかをチェックすることが必要です。

左記のフロン規制に関連する法令を例に取り上げてみましょう。

次のページの図表の通り、それぞれの法律には「役割」があり、規制内容は異なってきます。

オゾン層保護法の主な役割は、フロンガスのメーカーや輸入業者に対して、フロン類の種類によって製造や輸入を禁止又は上限を設定することにあります。

したがって、今回の印刷会社のように、フロンを内蔵した製品の利用者に対して直接の規制を行う役割はありません。

なお、本法第19条では、「特定物質等…を業として使用する者は、その使用に係る特定物質等の排出の抑制及び使用の合理化（特定物質等に代替する物質の利用を含む。次条において同じ。）に努めなければならない。」という規定が一応ありますが、これは努力義務規定であり、義務規定ではありません。

フロン排出抑制法の広範な役割

一方、フロン排出抑制法には広範な役割が与えられています。

まず、フロンガスのメーカーや輸入業者、フロン類を内蔵した製品のメーカーや輸入業者に対して、ノンフロン・低 GWP フロンへの転換を求めています。

この規制は、あくまでも関連メーカーや輸入業者が対象となるので、フロンを内蔵した製品の利用者（管理者）に対して直接規制するものではありません。

法の役割分担（例：フロン対策）

法律名	主な規制
オゾン層保護法	●フロン類の種類によって製造や輸入を禁止または上限を設定し、対象ガスのメーカーや輸入業者にその遵守を求める
フロン排出抑制法	●フロンガスのメーカーや輸入業者、フロンを内蔵した製品のメーカーや輸入業者にノンフロン・低 GWP フロンへの転換を求める ●業務用エアコン・冷凍冷蔵機器（第一種特定製品）の利用者に所定の管理と廃棄の手順の遵守を求める ●第一種特定製品のフロン類の充填・回収、再生、破壊をする場合は、登録や許可が必要
家電リサイクル法	●家電4品目（家庭用のエアコン、テレビ、冷蔵庫・冷凍庫、洗濯機・衣類乾燥機）のメーカーや輸入業者にリサイクルの義務とともに、エアコンと冷蔵庫等のフロン類回収、再利用・破壊を求める ●消費者は、小売業者等に適切に引き渡し、リサイクル料金等の支払いをする
自動車リサイクル法	●車のメーカーや輸入業者に、カーエアコン（第二種特定製品）に内蔵するフロン類、エアバッグ、シュレッダーダストのリサイクル（フロンは破壊）を求める ●車の所有者は新車購入時にリサイクル料金を負担し、使用済の車を引取業者に引き渡す

　次に、業務用エアコン・冷凍冷蔵機器（第一種特定製品）の利用者に対して、所定の管理と廃棄の手順（定期的な点検義務など）の遵守を求めています。

　これは、製品利用者への規制であり、対象事業者は膨大にのぼることになります。今回の印刷会社を含めて、多くの企業が適用される規制はこの箇所となります。

　さらに、第一種特定製品のフロン類の充填・回収、再生、破壊をする場合は、登録や許可が必要となります。

　家電リサイクル法には、規制対象である家電4品目の中に、家庭用のエアコ

ンや冷蔵庫・冷凍庫が含まれています。そして、そのメーカーや輸入業者にリサイクルの義務とともに、エアコンと冷蔵庫等のフロン類回収、再利用・破壊を求めているのです。さらに、使用済の家電4品目については、消費者に対して、小売業者等に適切に引き渡し、リサイクル料金等の支払いをすることを義務付けています。

ここでのポイントは、規制対象が「家庭用」のエアコンや冷蔵庫等であることです。企業でも、工場内の休憩スペースなどで家庭用エアコン等を設置していることがあり、そうした場合は、廃棄時に本法の義務が適用されることになります。

ただし、これはあくまでも家電リサイクル法の規制であるため、例えばフロン排出抑制法に基づく管理や廃棄の手順遵守の義務はありません。

ちなみに、フロン排出抑制法の対象製品と家電リサイクル法の対象製品の区別が不明なこともあります。この点について、環境省ウェブサイトでは次のような回答を示しています（環境省フロン排出抑制法ポータルサイトQ＆A（第6版）No.5より）。

「フロン排出抑制法の対象となる、業務用機器とは、業務用として製造をされているものであり、実際の使用の用途が家庭用であっても業務用に製造されたものであれば対象となります。（使用場所や使用用途ではなく、その機器が業務用として製造・販売されたかどうかで判断されます。）

また、家庭用の機器との見分け方については、

①室外機の銘板、シールを確認する。（平成14年4月（フロン回収・破壊法の施行）以降に販売された機器には表示義務があり、第一種特定製品であること、フロンの種類、量などが記載されています。また、それ以前に販売された機器についても、業界の取組等により、表示（シールの貼付）が行われています。）

②機器のメーカーや販売店に問い合わせる。等の方法があります。」

最後の自動車リサイクル法では、車のメーカーや輸入業者に対して、カーエアコン（第二種特定製品）に内蔵するフロン類、エアバッグ、シュレッダーダストのリサイクル（フロンは破壊）を求めています。また、車の所有者に対して、新車購入時にリサイクル料金を負担し、使用済の車を引取業者に引き渡すことを求めています。

　当然のことながら、今回の印刷会社のように、車のメーカー等でない場合は、直接的なリサイクルの義務はありません。

　また、車を所有している場合でも、すでに購入時にリサイクル料金は支払っているので、法規制一覧表で厳密に管理しなくても、所有者としての本法の義務を満たさないことは通常は起こりえないと思います。

　以上の通り、「フロン規制に関連する法令」といっても、その役割は様々なのです。

　企業担当者としては、各法令が本当に自社に適用されるものなのかどうかを慎重に見極め、適用されるものについてはきちんと管理し、適用されないものは思い切って管理対象から外すなど、メリハリをつけた管理が求められています。

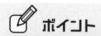 ポイント

☑ 法令にはそれぞれの役割がある
☑ フロン関連法令のうち、一般の事業者はフロン排出抑制法が重要
☑ 各法の役割を確認し、管理対象を絞る

ヒント

10 準用規定を読みこなす

事例

　ある化学工業の本社の方々とオンラインで会議をしていたときのことです。

　法規制一覧表を確認したところ、毒劇法の遵守事項の項目が次のように書かれていました。これは、毒劇法第22条第5項の条文をそのままコピペしたものです。読者のみなさん、読み解けますか。

第十一条、第十二条第一項及び第三項、第十七条並びに第十八条の規定は、毒物劇物営業者、特定毒物研究者及び第一項に規定する者以外の者であつて厚生労働省令で定める毒物又は劇物を業務上取り扱うものについて準用する。この場合において、同条第一項中「都道府県知事」とあるのは、「都道府県知事（第二十二条第五項に規定する者の業務上毒物又は劇物を取り扱う場所の所在地が保健所を設置する市又は特別区の区域にある場合においては、市長又は区長）」と読み替えるものとする。

　本条が適用される事業者にとっては、大変重要な規定ですが、このままの状態で遵守事項を理解し、運用できるとは到底思えません。

　担当者に状況をお聞きしたところ、やはり「これではわからないので、本社としては実際は何もしていない」とのことでした。

解説

準用規定とは？

　毒物や劇物を取り扱う事業者は多くいますが、違反事例も少なくありません。このまま放置すべきではないでしょう。

　一方、法令の基礎教育を受けないまま、企業で環境法の担当になった方にとって、上記のような条文を読みこなすというのは、なかなか難しいようです。

　しかし、法令原文も日本語です（こんな当たり前のことを書かなくてはならないところに、法令原文の抱えるわかりづらさという課題が浮き彫りにされますが…）。

　条文の書きっぷりを頭に入れ、順を追って読んでいけば、誰でも理解することができます。

　上記のような条文を「準用規定」と言います。

　「準用」とは、「ある事項についての規定を、他の別の事項についても同じように用いること」です（大島稔彦『法制執務ハンドブック』第一法規・平成10年）。

　前記の文章構造を図で示すと、次の図表のようになるでしょう。

準用規定の例（毒劇法第22条第5項）

A		B	
第十一条、第十二条第一項及び第三項、第十七条並びに第十八条	の規定は、	毒物劇物営業者、特定毒物研究者及び第一項に規定する者以外の者であつて厚生労働省令で定める毒物又は劇物を業務上取り扱うもの	について準用する。

注：この場合において、同条第一項中「都道府県知事」とあるのは、「都道府県知事（第二十二条第五項に規定する者の業務上毒物又は劇物を取り扱う場所の所在地が保健所を設置する市又は特別区の区域にある場合においては、市長又は区長）」と読み替えるものとする。

準用規定の解読方法

　法令原文は、正確を期するためにどうしても文章が長くなりがちで、わかりづらいものです。

　そこで、法令原文を読むときは、まず、全体構造を頭に描くことです。

　上記のように「Aの規定は、Bについて準用する」（Aの規定をBについても同じように用いる）という全体構造が頭に入ると、条文の理解が一気に進むのではないでしょうか。

　次にAとBの内容をそれぞれ読み解くことにしましょう。

　Aで掲げている条文は、いずれも毒物劇物営業者と特定毒物研究者を規制するものです。例えば、第11条では、「毒物又は劇物の取扱」として、次の四つを定めています。

・毒物・劇物の盗難・紛失防止
・毒物・劇物等の飛散・漏えい・流出等の防止
・毒物・劇物等を製造所等の外で運搬する場合、飛散・漏えい・流出等の防止
・毒物・劇物等の容器として、飲食物の容器として通常使用される物の使用禁止

　また、Aで掲げている条文のうち、第18条の条文は、都道府県知事の権限に関する規定なので、Bが日ごろ遵守しなければならない規制は、第11条（毒物又は劇物の取扱）、第12条第1項・第3項（毒物又は劇物の表示）、第17条（事故の際の措置）の三つとなります。

　次に、Bとは誰を指すのでしょうか。

　条文は、「毒物劇物営業者、特定毒物研究者及び第一項に規定する者以外の者であつて厚生労働省令で定める毒物又は劇物を業務上取り扱うもの」と書かれています。

まず、前半の「毒物劇物営業者、特定毒物研究者及び第一項に規定する者」のうち、「第一項に規定する者」とは、第22条第1項の対象者となり、これは、シロアリ駆除業者など、届出が義務付けられている特定の取扱業者を指します（毒劇法施行令第41条参照）。

　また、「厚生労働省令で定める毒物又は劇物を業務上取り扱うもの」とは、毒劇法施行規則第18条の2にて、「法第22条第5項に規定する厚生労働省令で定める毒物及び劇物は、すべての毒物及び劇物とする。」と定められているので、届出が義務付けられていないすべての取扱業者（非届出取扱業者）となります。

　なお、前述の図表の「注」は、第18条の立入検査等の規定を、非届出取扱業者に準用する場合は、立入検査等を行う者として、都道府県知事だけでなく、市長又は区長が該当することもあることを定めているものとなります。

　以上の解説を踏まえ、自社の法規制一覧表に本規制内容を書くのであれば、例えば、次のようにまとめるとよいでしょう。

毒劇法の非届出取扱業者の遵守事項の書き方の例
（毒劇法第 21 条第 5 項）

対象者	根拠条文	遵守事項
毒劇物の 非届出取 扱業者	毒劇法第22条 第5項（第11 条）	・毒物・劇物の盗難・紛失防止 ・毒物・劇物等の飛散・漏えい・流出等の防止 ・毒物・劇物等を事業所等の外で運搬する場合、飛散・漏えい・流出等の防止 ・毒物・劇物等の容器として、飲食物の容器として通常使用される物の使用禁止
	毒劇法第22条 第5項（第12 条第1項、第 3項）	・毒物・劇物の容器及び被包に、「医薬用外」の文字、毒物は赤地に白色で「毒物」の文字、劇物は白地に赤色で「劇物」の文字を表示 ・毒物・劇物の貯蔵・陳列場所に、「医薬用外」の文字、毒物は「毒物」、劇物は「劇物」の文字を表示
	毒劇法第22条 第5項（第17 条）	・毒物・劇物等が飛散・漏えい・流出等し、保健衛生上の危害が生ずるおそれがあるときは、直ちに保健所、警察署又は消防機関に届出、応急措置 ・毒物・劇物が盗難・紛失したときは、直ちに警察署に届出

廃棄物処理法の準用規定

　準用規定は、毒劇法の他にも、廃棄物処理法などにもあります。

　廃棄物処理法第12条では、排出事業者の義務を定めており、産業廃棄物保管基準や委託基準の遵守などを義務付ける条文があります。このうち、第13項には次の条文があります。

> 13　第7条第15項及び第16項の規定は、その事業活動に伴い産業廃棄物を生ずる事業者で政令で定めるものについて準用する。この場合において、同条第15項中「一般廃棄物の」とあるのは、「その産業廃棄物の」と読み替えるものとする。

毒劇法の例と同様に読み解いていきましょう。まず、第7条第15項及び第16項は、次の通りです。

> **15** 一般廃棄物収集運搬業者及び一般廃棄物処分業者は、帳簿を備え、一般廃棄物の処理について環境省令で定める事項を記載しなければならない。
>
> **16** 前項の帳簿は、環境省令で定めるところにより、保存しなければならない。

ここでは、帳簿を備え、所定事項を記載し、一定期間保存することを義務付けています。前述の第13項では、第15項の「一般廃棄物の」を「その産業廃棄物の」と読み替えることを定めているので、帳簿とは、産業廃棄物の処理に関するものであることがわかります。

次に、前述の第13項では、「その事業活動に伴い産業廃棄物を生ずる事業者で政令で定めるもの」に準用すると定めています。「政令」とは、廃棄物処理法施行令第6条の4を指します。ここでは、産業廃棄物処理施設等を設置している排出事業者などを指しています。

つまり、廃棄物処理法第7条第15項及び第16項では、産業廃棄物処理施設等を設置している排出事業者などに対して、帳簿を備え、所定事項を記録し、一定期間保存することを義務付けていることになります。

準用規定は、どうしても身構えてしまうようなわかりづらさはあるものの、慣れれば恐れるほどではありません。ぜひ解読にチャレンジしてみてください。

 ポイント

- ☑ 準用とは、ある規定事項を、他の別の事項に同じように用いること
- ☑ 全体構造を頭に描きながら法令原文を読む
- ☑ 準用規定をそのまま社内資料に使用しない

第 2 部

環境法マネジメントの
方法

ヒント 11　PDCA をまわす

事例

　従業員が100名くらいの金属加工会社を訪問したときのことです。

　約束の時間よりも少し早く着いたので、工場のまわりを散策していると、塀の隙間から工場内の敷地境界線あたりを見ることができました。何気なくのぞいてみると、鉄粉が貯蔵スペースからあふれ出し、いまにも近くの水路に落ちそうになっています。

　いやな予感を持ったまま工場に入り、内部を巡回すると、水質汚濁防止法の有害物質貯蔵指定施設があるにもかかわらず、構造等基準の遵守や定期点検はもちろん、届出すらしていません。公害防止管理者や特別管理産業廃棄物管理責任者の選任が必要な工場ですが、その資格を持つ人もいませんでした。

　法的な書類を確認しようとすると、まとめて保管をせずに散逸しています。「とにかく役所から送付されてきたような書類があったら会議室に持ってきてください」と声をかけて集めていたら、一枚の行政指導の文書が出てきました。どうやら数カ月前に行政の立入検査があり、上記の一部の法令違反が判明し、期日までに是正して報告するようにという文書でした。

　その期日を見て筆者は背筋が寒くなりました。1週間後だったのです。果たして対応が間に合うのでしょうか……。

⚠ 解説

法令遵守のマネジメントシステム

　この企業は、ISO14001やエコアクション21などのEMSの第三者認証を取得していませんでした。行政以外の第三者が工場内に入るのは、筆者が初めてでした。結局、期日までの是正ができるような状態ではなかったために、期日までに是正に向けた計画書を提出しました。その後、行政の厳しい監視下のもとで是正に取り組むことになりました。

　この事例のように、筆者は第三者認証を取得している企業以外も訪問することがあるので、確信を持って言えることがあります。それは、「程度の差はあれ、第三者認証を受けている企業の環境法の遵守状況は、一定の水準を保っている場合がほとんどであるが、そうでない企業では課題が山積していることが少なくない」ということです（もちろん、そうではない企業もあります）。

　外部審査機関は法令遵守のみの審査をするわけではありませんし、まして行政ではありませんので、強制力は持ち合わせていません。特に、審査先の企業が悪意を持って法令違反をしている場合、それを見つけるのには困難が伴います。

　限界があるにせよ、それでも第三者認証を取得している企業は法規制一覧表など法令遵守のための手順を整備しているので、方針も体制も整っていると言えます。

　今回の事例の企業では、社内での法令遵守が明らかに徹底されず、体制はなく、担当者もバラバラであり、責任の所在が不明確でした。何らかの環境法に対応するためのマネジメントシステムが必要と言えます。

　筆者は常日頃から、EMSの第三者認証を取得していない企業に対して、「第三者認証の有無にかかわらず、環境法を遵守するためのPDCAサイクルを整備し、動かすべき」と提案しています。

　具体的には、次の図表のように、環境法の遵守をPDCAサイクルに落とし

込み、持続的な遵守のしくみとするのです。

　PDCAサイクルは極めてシンプルな内容です。「P」の「Plan」では、まず計画をしっかり作りなさいということを定めています。

　その上で、「D」の「Do」では、物事を闇雲に実施するのではなく、愚直に計画通りに実施しなさいということを定めています（計画をうまく進められない場合は、勝手に変更するのではなく、所定の手順に沿って計画を変更する）。

　さらに、「C」の「Check」では、計画通り実施するというプロセスが適切かつ有効かを監視や評価等を行うことを定めています。

　そして、「A」の「Act」では、これら一連のプロセスを通して、課題があれば、それを指摘し（是正処置）、改善を図ることを定めているのです。

環境法遵守の PDCA サイクル（イメージ）

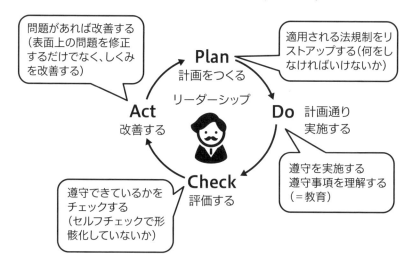

　EMS研修等の場において筆者は、こうしたPDCAサイクルは、日ごろの仕事や日常生活でも、知らず知らずに行っていることが多いということを強調しています。ありふれた活動手法にすぎず、本来的に難しいものではないのです。

しかし、それを愚直に推進できるかどうかで、その活動の成果の差が歴然と出てきます。成果とは、「一瞬の成果」ではありません。「継続的な成果」を出し続けることです。

PDCAと法令遵守の親和性

さて、こうしたPDCAサイクルは、環境法遵守の方法と親和性が極めて高いと筆者は考えています。なぜなら、次項で解説するように、常に企業の内外において「変化」が起きており、企業実務において、継続的な法令遵守を実現させるためには、継続的に管理できるしくみが必要だからです（〈ヒント12〉53p. 参照）。

PDCAサイクルに環境法の遵守を当てはめていくと、まず「P」の「Plan」では、適用される法規制をリストアップする作業から始まります。つまり、法規制一覧表をまとめ、「何をしなければならないのか（何を守らなければならないのか）」を明確に示します。当然、その際の体制なども整備します。

「D」の「Do」では、知りえた法令の遵守事項の遵守をしていきます。同時に、遵守できる人材の育成にも努めなければなりません。環境法の教育もしっかり行い続けるためのしくみが必要となります。

「C」の「Check」では、法令遵守ができているかどうかを監視や評価を行います。

最後の「A」の「Act」では、こうしたPDCのフローの実態を踏まえて、問題があれば原因にさかのぼりそれを改善することになります。

例えば、ある企業の法規制一覧表には、産業廃棄物の保管場所について、「飛散・流出・防止措置を実施」と適切に記載されているのに、内部監査において（Checkの場面）、ある保管場所のチェックをした際に、囲いの外に飛散している産業廃棄物が見つかりました。

そこで原因を究明したところ、産業廃棄物を持ち運んでいる現場の作業者に対して、廃棄物教育を実施していないことがわかりました。そこで、今後は定

期的に現場の作業者向けの廃棄物教育を実施するよう教育計画の案をまとめ、社長の了承をとりました（Act の場面）。

　その後、廃棄物教育によって力量を備えた作業者が増えたことにより、現場によい変化が出てきました。産業廃棄物保管場所について廃棄物処理法に基づく管理が徹底されたことはもちろんですが、それ以外にも点在していた廃棄物の「仮置き場」の管理についても検討されるようになったのです。

　具体的には、「仮置き場だからといって、現在のように表示もなく、荒れた状態になっているのは問題ではないか。恒常的に産業廃棄物を保管しているのであれば、産業廃棄物保管場所としてきちんと保管すべきではないか」という意見が通り、その方向で改善していきました（なお、産業廃棄物の「仮置き場」の管理状態が悪いのはこの企業に限ったことではなく、少なくない企業において同様の問題を抱えています）。

　現場をよく知る者が法令知識を身に付けることにより、現場ならではの改善策が出てくることもあるのです。

　このように PDCA サイクルは、環境法遵守にとっても極めて有効なしくみなのです。

 ポイント

☑ 漫然と環境法に対応していては継続的な法令遵守はできない
☑ 第三者認証の有無にかかわらず、環境法の遵守に PDCA は重要
☑ 法規制一覧表は PDCA の P の部分となる

ヒント
12　「変化」と環境法を結びつける

 事例

　筆者が環境のコンサルタントや審査員として企業を訪問し、環境法に逸脱するケースに直面するとき、その多くは、「変化」を見過ごしたために生じた問題であることに気づかされます。

　試みに、過去数カ月の間に筆者が実際に見たトラブル事例を掲げてみると、本書でこれまで紹介した事例を含めて、次のようなものがありました。

◆ケース①

　水質汚濁防止法の有害物質貯蔵指定施設があるにもかかわらず、同法に基づく届出や構造基準の遵守、定期点検を実施していなかった。

◆ケース②

　設置したエアコンプレッサーが法令や条例の規制対象に該当する設備であったにもかかわらず、騒音規制法や県条例の適用有無の検討すら行われず、届出や規制基準の遵守の取組みもしていなかった。

◆ケース③

　特別管理産業廃棄物管理責任者の資格者が別の事業所へ異動したにもかかわらず、有資格者の後任者が不在であった（その事業所は特別管理産業廃棄物を処理委託している）。

解説

変化に対応できない典型的な3ケース

いずれも決してレアケースではありません。しばしば散見されるものです。そして、これらは、対応不可能なものではありません。逸脱しやすい典型的

なケースであり、あらかじめ対策（しくみ）を講じておくことで、効果的に防ぐことができるものです。

　上記①〜③のケースをもう少し解説しておくと、まず①のケースは、「法の変化」、つまり、法令改正に気づかずに対応できなかったものです。

　水質汚濁防止法の有害物質を貯蔵する施設については、かつては同法の規制対象外でした。これが、平成24年改正水質汚濁防止法により、届出や基準遵守などが義務付けられるようになったのです。

　改正からずいぶんと年月が経ってはいるものの、いまだにこうしたケースが生じることがあります。平成24年時点でしっかりと情報を入手し、自社への規制適用の有無を検討していれば、このようなことにはならなかったことでしょう。

　次に②のケースは、「業の変化」、つまり、自らの事業や設備等の変更と変更への法規制の適用に気づかずに対応できなかったものです。

　実は、事業や設備等が変化した場合、ISO14001やエコアクション21などのEMSのしくみには、環境影響を検討し、法規制の適用有無などをチェックできるようになっています（臨時の環境側面の見直しなど）。

　実際に、外部認証を取得している企業のほとんどの環境マニュアルなどの文書にはこうした規定が書かれています。ところが、多くの企業において、これらが運用されていないのが実態です。

　さらに③のケースは、「人の変化」、つまり、法規制の責任者や担当者が変更したにもかかわらず、法的な対処を何もしていなかったというものです。

　昨今、環境対策に詳しく、様々な資格を持つベテラン社員が次々に退職してしまい、有資格者を手配できていない事業所が少なくありません。その状況に気づいていればまだいいのですが、法知識に乏しいスタッフだけのために、それにすら気づいていない事業所もあります。

「法・業・人」の変化

　以上のような三つの変化を踏まえて、筆者は、「法・業・人」の三つの「変化」に気をつけて、それに対応するしくみをつくり、運用していくことを提案しています。

「法・業・人」三つの変化と対応のしくみの例

変化するもの	概要	対応のしくみの例
「法」 法令は動いている	環境法は特に新法、改正が多い分野（条例を含む）。突然規制対象となることも	○法・条例改正情報を入手 ○入手情報の適用可否検討の場
「業」 事業は動いている	企業の事業活動は一定ではない。事業内容、事業エリア、設備など、変更が多い	○変化の都度検討する場 ○法規制適用可否検討の場
「人」 人は動いている	人事異動、退職、入社など、担当社員は一定ではない	○有資格者リスト（誰が資格者か。どこに資格者が必要か） ○定期的な教育

　企業にとって「変化」とは一過性のものではありません。特に「法・業・人」の変化は、どのような企業であっても起こりうるものです。

　ちなみに、ISO14001の附属書A（規格の利用の手引き）には、次のような記述があります。「変更のマネジメントは、組織が継続して環境マネジメントシステムの意図した成果を達成できることを確実にする、環境マネジメントシステムの維持の重要な部分である。」

　このようにISO14001は、「変更のマネジメント」がEMSにおいていかに重要なものであるかを確認し、組織への具体的な要求事項にもこれを盛り込んでいます。

　例えば、組織が環境の取組みを行う際の、いわば取組みテーマ（著しい環境

側面）を定めるプロセスとなる「環境側面」の要求事項（細分箇条6.1.2）では、環境側面を決定するときに考慮に入れなければならない事項の一つとして、「a）変更。これには、計画した又は新規の開発、並びに新規の又は変更された活動，製品及びサービスを含む。」と定めています。

　これを法令遵守のしくみに当てはめれば、まさに「法・業・人」の変化をしっかり管理することを指摘しているとも言えるのではないでしょうか。

　「変化」を見極めること、それへの対応手順を整えることが大切なのです。そして、そのしくみが継続的に機能しているかどうかをきちんとチェックし続けることが求められます。

 ポイント

☑「法・業・人」の変化を見極める

☑ 一過性の取組みにせずに、三つの変化に対応するしくみをつくる

☑ 法令遵守の観点からも変更のマネジメントを重視する

ヒント
13 法の「事故時の措置」は
緊急事態手順とリンクさせる

事例

　ある食品工場での話です。油の貯蔵施設があります。過去に何度か油の
漏えいトラブルがあったために、緊急事態手順書を見直すことになりました。

　その際、「油の漏えいがどのレベルになったら県に通報すべきか」とい
う点で意見が分かれました。1滴でも外部に漏れたら通報すべきという強
硬派（？）もいれば、魚が浮くなどの具体的な被害が出るまで通報しなく
てもいいのではないかという消極派（？）もいました。

　それというのも、水質汚濁防止法第14条の2第3項では、事故の状況
について「生活環境に係る被害を生ずるおそれがあるとき」と書いてある
のみであり、何をもって「おそれ」と言うのかがわからなかったのです。

　筆者もその議論に加わり、結局、基準を「（具体的な被害が発生してい
なくても）近隣からの苦情が起こりうるレベル」と設定し、担当部門がそ
れに近い状態が生じたと判断した場合、工場長へ報告し、あらかじめ定め
られているグループで協議し、その結論を出す手順を整備しました。

解説

事故時の措置とは

　環境法の規制事項は、一般論として行動すべき基準がわかっても、自社が具
体的にどのような場面で行動すればよいのかがはっきりしないものがありま
す。この事例で出てくる「事故時の措置」はその典型例だと思います。

　環境法には、次の図表のように、「事故時の措置」を定める法律が少なくあ

りません。

環境法が定める「事故時の措置」（例）

法令名	事故時の措置	備考
大気汚染防止法	事故でばい煙や特定物質を排出させた施設がある場合、応急措置と都道府県知事等に通報等	特定物質：アンモニアなど28物質
水質汚濁防止法	事故で有害物質や指定物質、油等を流出させた施設がある場合、応急措置と都道府県知事等に届出等	有害物質：カドミウムなど28物質 指定物質：トルエンなど60物質
悪臭防止法	事故で規制基準に適合しないおそれが生じた場合、応急措置と市町村長に通報等	－
廃棄物処理法	事故で廃棄物が飛散等した廃棄物処理施設等は、応急措置と都道府県知事等に届出等	－
毒劇法	毒物劇物営業者や特定毒物研究者、業務上取扱者は、事故で毒劇物が飛散等した場合、保健所、警察署又は消防機関に届出と応急措置	－

　個々の事故時の措置について、もう少し詳しく解説します。

　悪臭防止法では、規制地域内に事業場を設置している者に対して、事故が発生し、悪臭原因物の排出が規制基準に適合せず、又は適合しないおそれが生じたときは、次の3点を実施することを義務付けています。
①直ちに応急措置を講じる
②直ちに事故状況を市町村長へ通報する
③事故を速やかに復旧する
　当たり前のことですが、事故が生じて環境汚染が発生した場合、まずは応急措置を講じることになります。多くの環境法でも、そうした応急措置を直ちに

行うことを定めた上で、関連する行政への通報等を定めているわけです。

　また、水質汚濁防止法の場合は、応急の措置を講ずるとともに、速やかにその事故状況や講じた措置の概要について都道府県知事に届け出ることを義務付けています。

緊急事態手順書の課題

　工場を持つ企業の多くでは、事故によって環境汚染が生じた場合の緊急事態への対応手順をまとめた「緊急事態手順書」などの文書を持っています。

　そうした手順書の内容を見ると、上記のような関連する環境法の規制事項がきちんと反映されていないことが少なくありません。

　また、環境法が定める「事故時の措置」の対象が意外と広いことにも注意すべきです。

　水質汚濁防止法の「事故時の措置」では、同法の特定施設による事故時の措置だけでなく、①28の有害物質、②60の指定物質、さらに、③油の流出による水質事故も対象になることがあります。

　「ウチの工場は水質汚濁防止法の特定施設がないから、同法は関係ない」と安易に思わず、こうした物質を取り扱っている施設がないか、きちんとチェックして、必要に応じて手順書をまとめるべきでしょう。

　さらに、通報や届出を行う場合の明確な基準を環境法は示していません。

　水質汚濁防止法の有害物質・指定物質対策では、「有害物質又は指定物質を含む水が当該指定事業場から公共用水域に排出され、又は地下に浸透したことにより人の健康又は生活環境に係る被害を生ずるおそれがあるとき」に応急措置等を講じることを定めているだけです。

　「人の健康又は生活環境に係る被害を生ずるおそれ」を企業自ら判断しなくてはいけません。

　そこで、どのような場合に応急措置や通報・届出を行うかという基準を社内でまとめておくとよいと思います。

その基準は少なくても、外部から見て自社の独りよがりなものであってはなりません。冒頭の事例のように「（具体的な被害が発生していなくても）近隣からの苦情が起こりうるレベル」などと安全サイドに立って設定するのもよい方法でしょう。ただし、そうしたレベルがどの程度のものなのかを知るためにも、近隣との日ごろのコミュニケーションが大切であることは言うまでもありません。

　このように、環境法の「事故時の措置」への対策を検討するときは、「自社の緊急事態の手順に落とし込むとどのようになるのだろうか」という視点をしっかり持つとよいでしょう。

 ポイント

☑ 環境法には事故時の措置を定めているものがある

☑ 社内の緊急事態手順書に法の規制事項も反映させる

☑ 通報の基準は「近隣の苦情」など安全サイドに立ったものを設定する

ヒント
14　資格者の未選任を防ぐ

事例

　埋め立て地の工業地帯の一角にある鉄鋼業の工場を訪問したときのことです。

　海に面しており、公害防止組織法の適用対象となっていました。

　本法によれば、製造業などの業種の工場で、汚水等排出施設などを設置している場合は、特定事業者として規制を受けることになります。

　特定事業者は、公害防止統括者や公害防止管理者などを、またそれらの代理者を選任し、届出を行わなければなりません。そして、公害防止管理者等の指示に従って公害防止業務を遂行することが求められています。

　また、公害防止管理者やその代理者には、資格が必要であり、国家試験に合格するか、又は認定講習を修了しなければなりません。

　この工場には、本法に基づき、水質関係の公害防止管理者と代理者を選任することが義務付けられていました。

　ところが、資格を有する人が誰もいません。確認したところ、「数年前まで公害防止管理者も代理者もいたが、退職や転勤をしてしまった」ということでした。

解説

資格者の選任義務

　公害防止組織法の主な義務と罰則は、次の表の通りであり、上記の事例は明らかに法令違反の状態です。

資格者の選任義務と罰則等の例
（公害防止組織法の特定工場に該当する場合）

義務	違反した場合の主な罰則等
●公害防止統括者を選任し、選解任等を届け出ること（第3条。工場長が一般的）	■都道府県知事は、公害防止統括者、公害防止管理者、公害防止主任管理者、これらの代理者が、この法律や大気汚染防止法等に違反したときは、特定事業者にこれらの者の解任を命ずることができる（第10条）。
●排出水量が1日当たり平均1万m³以上の場合などは、公害防止主任管理者を選任し、選解任等を届け出ること（第5条）	■次の場合、50万円以下の罰金に処する（第16条）。 ①公害防止管理者などを選任しなかった場合 ②都道府県の解任命令に違反した場合
●①公害防止統括者、②公害防止管理者又は③公害防止主任管理者の代理者を選任し、選解任等を届け出ること（第6条。②③は有資格者）	■次の場合、20万円以下の罰金に処する（第17条）。 ・公害防止管理者などの未届、虚偽届出の場合。 ■法人の代表者又は法人若しくは人の代理人、使用人その他の従業者がその法人又は人の業務に関し、第16条又は前条の違反行為をしたときは、行為者を罰するほか、その法人又は人に対して、各本条の刑を科する（第18条）。

　実は、この事例の話には続きがあります。工場長に早急な対応を求めたところ、対応はすると言いつつ、「資格者がいないのだから仕方ない」とも発言するなど、どうも工場長の反応が鈍いのが気になりました。

　その後、工場長とともに工場内の巡回をしたところ、雨水溝で茶褐色の水が勢いよく流れているのを発見しました。

　当日は快晴であり、雨水溝に水が流れているわけがありません。その雨水溝の先は、最終排水口であり、海につながっています。工場長が慌てて排水口を緊急遮断し、排出元を特定し、流出を止めました。

　幸いなことに、この茶褐色の水に有害物質は含まれておらず、海に流出する

ともありませんでした。

　状況が落ち着いた後に、私は工場長に申し上げました。

　「もし、茶褐色の水が海に流れていたら、通報やパトロールによって、海上保安庁が事態を把握し、保安庁の人たちがこの工場に来たと思います。

　そのとき、彼らは言いますよ、『公害防止管理者を出せ』と。そのとき、どうされるのですか？」

　この一件によって、ようやく工場長も事の重大性をご理解いただけたようです。

　厳しい行政指導は間違いなくあるでしょうが、海域の汚染が現実化すれば、そこにとどまらず、選任義務違反で検挙される可能性もあるでしょう。

　環境法が求める資格者の選任義務には、今回ご紹介した公害防止管理者だけでなく、エネルギー管理者（省エネ法）、特別管理産業廃棄物管理責任者（廃棄物処理法）などがあります。

環境汚染を引き起こした際の資格者不在は完全アウト

　こうした資格者を選任しなければならない企業において、今回の事例のように、資格者の退職や異動などの事情により未選任状態が続いている企業を時折見かけます。

　行政当局としては、たまたま立入検査等でその企業を訪問して見つけない限り、なかなかこうした状況を発見することはないでしょう。

　しかし、だからといって、企業がその状況を放置することは絶対に避けるべきです。なぜなら、こうした法令違反のままの状態で環境汚染を引き起こした場合、行政も警察もそれを是認することは決してないからです。

　「退職したのだから仕方ないですね」などと言うことは決してありません。退職や異動等によって資格者がいなくなる事態はいつでも起こりうることです。資格者を配置し続けられるように教育計画を立てて計画的に資格者の充当を行うべきです。

それでも、時に未選任の状況が生じた場合は、あらかじめ行政に事情を説明し、どのような計画で資格者配置をするのかを提示するとよいでしょう。

　環境法が資格者の選任を義務付けているということは、それなりの環境負荷があるから法のメインターゲットにしていることの証左でもあります。そのリスクへの自覚を持って慎重に対応することが求められます。

 ポイント

☑ 環境法には資格者の選任を義務付けるものがある
☑ 資格者不在のまま環境汚染を引き起こすと深刻な問題になる
☑ 資格者不在の状態をつくらないよう計画的な選任計画を立てる

「施行日」までのスケジュールを組む

 事例

　生鮮野菜を取り扱う食品卸売業の会社に行ったときのことです。それは令和 2 年の夏のある日のことでした。

　「重要な環境法は何ですか？」と責任者に質問すると、すかさず、「もちろん、フロン排出抑制法です！」と答えていました。

　国内数カ所に大きな倉庫を所有し、様々な冷凍冷蔵機器を設置していたからです。本法では、フロン類を内蔵する冷凍冷蔵機器の点検義務などがあります。

　対象機器の点検記録簿などを確認すると、しっかり法遵守がなされていました。

　本法は令和元年 6 月に改正され、令和 2 年 4 月から改正法が施行されています。

　「改正法への対応はどうなっていますか？」

　「令和元年 6 月に改正法が成立したときに準備しようと思いましたが、細かなルールが定まっていないようなので、特に何もしていません」

　責任者の方はこのように答えていましたが、筆者が訪問したのは令和 2 年の夏頃ですから、改正法が施行されて 4 カ月くらいが過ぎた頃です。すでに政省令や告示の改正も行われており、改正法の実施に必要なルールは整備されていました。

　せっかく法改正に気づいていたにもかかわらず、その対応が事実上放置されていたのです。

解説

法改正を見逃す企業は少なくない

　こうした例は、企業の実務ではよく見られることです。しかし、環境法は、大変法改正の激しい分野であり、改正を見落として法遵守が図れない企業が多いので、このようなことがないようにしたいものです。

　次の図表のように、法令が制定・改正される際、必ず「公布（こうふ）」と「施行（しこう／せこう）」のステップを踏むので、これらの用語への理解とその段階ごとの対応に気をつける必要があります。

公布から施行までのスケジュール

公布／施行	例（改正フロン排出抑制法施行までの流れ）
「公布」⇒ 成立した法令を一般に周知させるために、国民が知ることのできる状態に置くこと（官報に掲載）	■平成31年2月12日　環境省・経済産業省の審議会が「フロン類の廃棄時回収率向上に向けた対策の方向性について」をとりまとめ、法改正の方向性が打ち出される。 ■平成31年3月19日　改正法案、閣議決定 ■令和元年5月29日　改正法案、国会成立 ■令和元年6月5日　公布 ・「フロン類の使用の合理化及び管理の適正化に関する法律の一部を改正する法律」（改正フロン排出抑制法、令和元年法律第25号） ■令和元年7月16日～同年8月16日、「改正フロン排出抑制法の施行等に向けて整備すべき関係法令改正案に対する意見募集（パブリックコメント）」を実施 ■令和元年10月4日 ・改正フロン排出抑制法の施行日を令和2年4月1日に定める政令（令和元年政令第119号）が公布 ・「フロン類の使用の合理化及び管理の適正化に関する法律施

	行令の一部を改正する政令」（令和元年政令第120号）など、関連政省令、告示が公布
「施行」⇒ 実際に法令の効力が発動 されること	令和2年4月1日施行

　そもそも法律は国会で成立しますが、ほとんどの場合、国会で成立したからといって、成立した瞬間にその法律が社会に適用されるわけではありません。

　それが「公布」され、「施行」される必要があります。

　「公布」とは、成立した法令を一般に周知させるために、国民が知ることのできる状態に置くことを言います。具体的には、官報に掲載することにより、その法令は公布されたことになります。

　法律の場合、国会で法律成立後、奏上の日から30日以内に公布することがルール化されていますが（国会法第66条参照）、筆者の感覚では、成立後、数日以内には官報に掲載されているように思います。

　一方、「施行」とは、実際に法令の効力が発動されることを言います。公布された法律や政令などを読むと、その最後に「附則」があります。その附則に施行日が定められているのが一般的です。

　このように、法令は公布され、施行され、初めて社会に適用されることになります。

　そこで、個々の企業では、ある法令について公布の情報をキャッチしたときには、必ず施行日を確認し、それまでに対応するためのスケジュールを立てて計画的に取り組むことが重要となります。

改正フロン排出抑制法での対応事例

　以上の流れをわかりやすく理解するために、上記に取り上げた改正フロン排出抑制法の実際の動きに沿って説明していきます。

まず、大きな法改正が行われるときは、国の審議会等でその内容が検討され、報告がまとめられることが一般的です。

　フロン排出抑制法の見直しについても環境省と経済産業省の審議会が合同で検討を行い、平成31年2月12日には「フロン類の廃棄時回収率向上に向けた対策の方向性について」がとりまとめられ、法改正の方向性が打ち出されていました。

　そして、改正フロン排出抑制法案そのものは、3月19日に閣議決定され、同日、国会に提出され、法案の審議がスタートします。

　その後、5月29日、国会で改正法案が成立し、6月5日に官報で公布されます。

　冒頭の企業担当者は、この時点で改正法の存在を知りました。この段階では、改正法を読んでも詳細なルールはわかりません。まだ、決まっていないのです。そこで、企業担当者は調べるのをやめてしまったわけです。

　しかし、すでにこのとき、改正法には1年以内に施行されることが明記されており、それまでに詳細なルールが決まるので、情報をキャッチするためにアンテナを張り続けるべきでした。

　10月4日、改正法の施行日を令和2年4月1日に決める政令の公布とともに、本法施行令や施行規則、「第一種特定製品の管理者の判断の基準となるべき事項」という告示などの改正が一斉に公布されました。

　例えば、上記告示改正によって、対象機器の点検記録簿の保存義務の延長期間が3年と決められるなど、令和2年4月施行のための具体的な規制内容が定められたのです。

　この頃には、行政が様々なパンフレットを発表し、また改正法の説明会の案内などを出すようになりましたので、多くの企業では、令和2年4月からの施行に向けた対応方法を検討し、社内への周知を開始したように感じます。

　なお、令和元年7月16日から1カ月間、「改正フロン排出抑制法の施行等に向けて整備すべき関係法令改正案に対する意見募集（パブリックコメント）」

が行われ、10月公布の具体的な規制概要が公表されていました。

　日本の場合、パブリックコメントで規制内容の骨格が変わることはほとんどありません（筆者の個人的な見解としては、本来は活発な議論が繰り広げられ、その結果適宜修正されるという民主的なプロセスがあるほうがよいと思うので、規制内容の骨格がほとんど修正されないという予定調和的な流れには疑問を感じますが、これが現実です）。

　そこで、いくつかの企業の環境部門では、この時点で内々に対応方法を検討していました。

　以上見てきたように、改正法への対応を検討・実施する際には、法改正の流れをつかんだスケジュールを組むとかなり楽になり、対応への抜け漏れも少なくなるはずです。

　環境分野において法改正はこの先も限りなくあります。十分注意し、社内のしくみを整備して取り組んでください。

ポイント

- ☑ 法改正や新法制定があった場合、「公布日」と「施行日」を押さえる
- ☑ 施行までの対応スケジュールを組む
- ☑ パブリックコメントにも注意して、新規制に備える

ヒント 16　法改正を見逃さない方法を探す

事例

　環境法の対応状況を確認するために、化学工業の中小企業を訪問しました。

　この会社では、ISO14001に基づくEMSによって環境法対応の実務を行っていました。

　法対応の手順書があるというので拝見していたところ、法改正の調査手順としては、次の一文があるのみでした。

　「毎年９月、当社に適用されている法令の改正の有無について、環境省等のウェブサイトを参照することにより調査する。」

　しかし、この企業では、法改正をきちんと追うことができずに、過去に法令違反の事態を招いたことがありました。

　具体的には、規制対象となる施設を設置していたにもかかわらず、その施設に関わる新規制を見逃し、届出などを行っていませんでした。行政の立入検査によってそれが判明し、行政指導を受けていたのです。上記の調査手順には課題があるようです。

　では、どのような手順に改善すればよいのか。担当者の方々との議論が始まりました。

解説

法改正の主な調査手順

　実は、中小企業において筆者が最もよく見かける手順が、上記のようなものです。

　法改正の調査手順について正解はありません。しかし、このような手順では、おそらく法改正を適切にフォローすることはできないことでしょう。

　筆者がこれまで見てきた様々な企業の法改正の調査手順の主なものをまとめると、次の図表の通りです。

法改正の主な調査手順

項目	調査方法（例）		筆者の評価
調査頻度	年1回、自社の都合に合わせた月を設定し、調査する。	×	例えば、「9月」と設定した場合、3月改正・4月施行の規制を見逃す。
	1年に複数回、調査する。	○	段階的に法整備が進む状況と様々な月に施行される規制をフォローできる。
調査対象	検索先を「環境省等のウェブサイトを参照」などとする。	×	省庁ウェブサイトにある程度の情報はあるが、探せる力量が担保されていない。また、他省庁や自治体の情報を追えない。
	昨年調べたウェブサイト先（URL等）や省庁・自治体の部署名を押さえる。	○	抜け漏れは減る。特に、担当者が変更する可能性がある企業では有効。
	有料の法改正データベースを利用する。	○	抜け漏れは減る（担当者の力量も一定程度カバーできる）。
調査機会	EMS上の手順で事務局が調査する。	△	本業上で知りえた法改正情報を事務局がキャッチできないリスクがある。
	法規制の適用を受ける部門担当者が集まるような本業の会議体で検討する機会を設ける。	○	本業上で知りえた法改正情報を共有でき、かつ、改正法が自社に適用されるか否かを実務的に検討する機会が増える。
調査者① （担当者数）	担当者1名が調査する。	×	担当者の力量次第で調査レベルが落ちる。引継ぎができなくなる。
	複数の担当者が調査し、議論する機会を設ける。	○	クロスチェックが可能になり、調査漏れが減る。また、力量も向上する。

| 調査者②
（本社と事業所） | 本社が国の法令を調査し、事業所が自治体の条例を調査する。 | △ | 事業所によってチェックレベルに差が出る。 |
| | 上記に加え、事業所が調査した自治体の条例を本社がチェックする。 | ○ | 国の法令と同様のレベルを確保できる。 |

　このように、企業によって調査手順には様々なものがあります。項目ごとにそのポイントを説明していきましょう。

　まず、調査頻度については、前述したように、多くの中小企業では、年1回程度、自社の都合に合わせた月を設定して調査しています。

　例えば、ある企業で、10月から新しい期が始まるため、9月中に法改正情報のチェックを終わらせて法規制一覧表を整理し、10月からそれを使用するとします。

　その場合、仮に法改正が3月にあり、かつ、その施行が4月の場合、新規制への対応に間に合わない可能性が出てしまいます。

　あるいは令和2年4月施行の改正フロン排出抑制法の場合、法律改正は令和元年6月でした。その後、詳細なルールを定めた政省令改正は10月でしたので、上記の企業はやはり4月施行時点での準備が整わないリスクが発生してしまいます。

　このように、調査頻度を年1回にするというのは避けたほうがよく、少なくとも年2回以上は実施すべきでしょう。

どのように調査するのか

　次に、調査対象については、検索先を「環境省等のウェブサイトを参照」などとすることはおすすめできません。

　これでは具体的にどのような情報によって、法改正の有無をチェックしたの

かが社内で共有されず、チェックの形骸化を引き起こしてしまうからです。

　昨年調べたウェブサイト先（URL 等）や省庁・自治体の部署名を押さえることや、有料の法改正データベースを利用するなど、実効性のある検索先を提示すべきでしょう。

　ある中小企業では、地域の企業や自治体が組織する環境保全協議会に参加し、自治体の担当部門と接点を持ち、その後年数回、自治体を訪問し、法改正情報について直接聞くという"手順"を確立していました。

　調査機会についても検討の余地があります。

　筆者が気になるのは、ISO 事務局などが、本業の流れとは関わりのないところで独自に法改正情報を調べ、社内で共有化されていない場面を多く見ることです。

　その場合、ISO 事務局はどの部門に改正法の規制が適用されるか知らず、規制が適用される部門もその規制を知らずに遵守できないというリスクが生じることがあります。これを避けるためには、法規制の適用を受ける部門担当者も集まるような本業の会議体で検討する機会を設けることが望まれます。

　それが難しい場合でも、例えば、ISO 事務局などが、本業の会議体において、自ら調べた法改正の調査結果を簡単に報告する手順を設けるだけでも、一定の効果はあると思います。

法改正の調査者を誰にするのか

　さらに、法改正の調査者を誰にするのか、あるいは、何名体制にするのかも検討を要する事項となります。

　担当者が 1 名の場合、社員の力量次第で調査レベルが落ちますし、かつ、引継ぎができなくなり、継続的な調査体制を構築できなくなるリスクがあります。

　やはり、複数の担当者が調査し、議論する機会を設けることが望まれます。

　また、本社が国の法令を調査する一方、自治体の条例の調査については、所在する各事業所に丸投げする企業が多くあります。これは大企業で発生しやす

い事象かもしれません。

　しかし、これは、事業所によってチェックレベルに差が出るので、避けるべきです。

　ある企業では、事業所が条例を調査する手順ではありましたが、年1回の内部監査において、事前に監査員が条例を調べた上で事業所を訪問し、条例改正の有無について確認と議論を行う機会を設けていました。事業所間のレベルの差をなくす試みとして高く評価できると思います。

　実際の調査手順は、前述の図表の各項目を様々なパターンで掛け合わせてつくるものです。その掛け合わせの仕方は、各企業の実状に即したものを選んでいけばよいでしょう。

　法改正は今後も続いていきます。環境法はこれからも厳しくなっていきます。

　現時点での法令遵守の状況に問題がない場合であっても、「数年後もこのしくみで法改正が追えるかどうか」を頭に入れながら調査手順の整備を検討することが不可欠です。

 ポイント

☑ 法改正の調査頻度は少なくても年2回以上がよい

☑ 調査対象をあいまいにせず、具体的なものを探し出す

☑ できる限り本業の会議体を活用し、複数による調査手順とする

ヒント 17　法規制の適用場面を具体的にリストアップする

事例

　梱包資材を製造する企業を訪問したときのことです。環境活動の内部監査に同行することになりました。

　その会社では、自ら作成したチェックリストに沿って内部監査を実施していました。関係者の皆さんは一所懸命取り組んでいたものの、環境法の遵守の確認作業については少々不安を覚えました。

　例えば、工場にはエアコンプレッサー（空気圧縮機）が多数ありました。騒音規制法や条例により騒音規制の適用を受ける設備です。この点について、チェックリストには、「届出を確認」と「測定記録を確認」と書かれてあります。

　監査員のチェックの仕方を見ていると、会議室で過去の届出書類と測定記録があるかどうかだけを確認して、監査を終えていました。

　本来であれば、届出については、現在の対象設備がいくつあり、変更届の必要がないかどうかを確認しなければなりません。また、測定については、超えてはならない規制基準がどれほどなのかを把握したうえで測定記録を確認しなければなりません。しかし、いずれの対応もしていませんでした。

　後で確認したところ、実はエアコンプレッサーを相当数増設しており、変更届を出さなければならない状況でした。担当部署での法令遵守のチェック項目も内部監査のチェック項目と同様であり、設備数の管理などは行われていなかったのです。

🗣 解説

環境法の遵守の仕方

　次の図表のように、環境法を遵守する際には、規制を管理するポイントが何であるかを押さえた上で、チェックの手順を整備すべきでしょう。

環境法の規制内容と遵守の仕方（例：騒音規制）

法令	規制概要	管理のポイント	遵守の仕方（例）
騒音規制法	特定施設（7.5kW 以上の空気圧縮機など11設備）の設置や変更をしようとするときは届出	現状の設置数の確認と2倍を超える場合は届出が必要	・対象設備リストを作成 ・変更届の必要がないか確認
	事業所の敷地境界線において規制基準を遵守	定期的な測定が必要	・測定実施し、基準内を確認 ・今後基準逸脱に陥るおそれがないか確認
○○県生活保全条例	法律の対象外の施設等を定め、その設置や変更をしようとするときは届出	規制の枠組みは法と似ているので、法と一緒に管理すべき	・上記の法規制をチェックする際に、法の特定施設だけでなく、条例の対象施設も同時にチェック
	事業所の敷地境界線において規制基準を遵守		

　騒音規制法の場合、7.5kW 以上のエアコンプレッサー等は規制対象となり、工場として最初の設置時に届出が義務付けられ、その後、設置数が2倍を超えたときに変更届を提出することが義務付けられています。

　また、敷地境界線において規制基準を超える騒音を出さないことが求められます。

　条例の規制は地域によって異なるものの、基本的には、騒音規制法と同じよ

うな規制のしくみを設定し、規制対象となる設備の能力等を法よりも裾下げしていることが一般的です。

　ちなみに、この会社の立地する地域の自治体では、3.75kW 以上 7.5kW 未満のエアコンプレッサーなどを規制する条例がありました。

実効性のあるチェック手順とは

　こうしたエアコンプレッサーへの騒音規制に対応する手順を考えてみましょう。

　まず、届出義務については、設置届がすでに出ていることを確認します（残念ながら、たまに未届で行政指導を受ける企業を散見します）。

　設置届が出ていれば、変更届の有無だけを確認すればよいでしょう。上記の通り、本法は設置が 2 倍を超えなければ変更届は不要ですので、逆に言えば、現状の設置数の確認を行い、2 倍を超える場合は届出が必要となります。

　そこで、対応の手順としては、例えば対象設備リストを作成し、新規の対象設備を設置する前に本リストにてチェックを行い、変更届出の必要がないか確認できる手順を整備することにより、着実な管理が行えます。

　次に規制基準遵守についてみると、本法には事業者に測定義務はないものの、規制基準を超えれば違法になるので、超えていないことを明確にするために、一般に定期的な測定は必要となります。

　多くの企業では、例えば年 2 回、敷地境界線において独自の測定を実施し、規制基準内にあることを確認するような手順を整備していると思います。

　実施状況をチェックする際には、単に測定の有無を確認するだけでなく、測定結果が規制基準内に収まっている値かどうかを確認することはもちろんのこと、過去の測定結果の推移や工場の稼働状況から、今後規制基準を超えるおそれがないかどうかも確認すべきでしょう。

　さらに条例の遵守については、条例の規制の枠組みは法と似ているので、法と一緒に管理することが効率的でしょう。上記の法規制をチェックする際に、

法の特定施設だけでなく、条例の対象施設も同時にチェックする手順を整備すべきです。

　このように、法規制に着実に対応するためには、単に法令の条文をそのまま受け取るだけでなく、それぞれの法令の規制が自社のどのような場面（設備等）に具体的に適用されるのかを把握し、具体的にリストアップすることが求められるのです。

 ポイント

☑ 法令遵守のチェック作業を書類の有無の確認だけで終わらせない
☑ 騒音測定など、法令遵守につながる事項を探す
☑ 規制が自社のどの場面に適用されるのかを具体的にリストアップする

ヒント 18

設備を導入するときに適用法令をチェックする

事例

　ある自動車整備業の工場を訪問し、現場を巡回しているときのことです。金属加工機械など、環境法に関連しそうな設備に関する届出状況を確認したところ、いくつもの届出漏れが見つかりました。

　それぞれの経緯はいろいろとあったのですが、根本的な原因を突き詰めていくと、どうやら、設備を導入する際の法適用有無のチェック手順が機能していないことにありました。

　この会社では、ISO14001を認証取得しており、年1回、各部門において環境側面の見直し手順がありました。また、大きな設備変更をする場合の環境側面の臨時見直しの手順もありました。これら手順が書かれた文書を読むと、設備を導入する際の法適用の有無のチェックも手順化されていました。

　しかし、届出漏れがあった設備の設置経緯を見ると、これら手順に沿ったチェックが全く行われていなかったのです。

解説

設備導入時のチェックリスト

　実は、こうした失敗は少なくありません。

　筆者の実感としては、ISO14001を認証取得している企業でも、数社に1社は、大なり小なり、こうした失敗を経験したことがあるのではないでしょうか。

　おそらく、ISOを含むEMSを運用していない企業の場合、その比率はさらに高まるはずです。

次の図表では、設備導入時のチェック手順を構築・運用する際のポイントをまとめてみました。いわば"チェック手順のチェックリスト"です。

設備導入時のチェック手順のチェックリスト

チェックリスト	留意点
□設備導入時に適用法令の有無をチェックする手順をつくる 〈例〉 ○ ISO14001の環境側面の臨時見直し規定を活かす。 ○本業の手順として既に存在する検討組織の検討項目に環境法の項目を追加する。	○側面の見直し作業が終了しなければ、設備を導入できなくするなど、本業に確実に関与できるしくみにする。 ○環境部門のメンバーが参画するなど、検討組織での検討に実効性を持たせる。
□対象設備の情報を把握する 〈例〉 ○決裁文書に、設備業者等からのヒアリング等の結果を添付させる。	○ヒアリングや設備のカタログなどから、どのような法規制の適用がありうるのかを把握する。
□検討した法規制を明確にする 〈例〉 ○決裁文書に、どの法律、どの条例を検討したかどうかのリストを添付させる。	○すべて非該当だとしても、該当しそうな法律の項目に非該当であることの理由を書かせることにより、実効性を担保できる。
□責任・権限を明確にする 〈例〉 ○検討した組織への提出文書の承認者、その組織での最終承認者を明確にする。	○部門横断的な組織での検討は、責任・権限が不明確になりやすいので、問題が生じた際の責任の所存をあらかじめ明確にしておく。
□記録を保存し、活用する 〈例〉 ○電子データにて記録を保存し、数年後の再度の検討でも活用できるようにする。	○設備の導入は頻繁には生じにくいので、毎回ゼロからの検討とならないように工夫する。

まず、新たに設備を導入するときなど、これまでと異なる又は追加される事

象が発生した場合、適用法令の有無をチェックする手順をつくることが肝要です。

どの企業においても、新たな設備等を購入しようとするとき、それが事業にプラスになるのか、コストは問題ないかなどを検討する手順が何らかの形であるはずです。そこに、環境法の適用有無の手順も追加するのです。

具体的には、ISO14001の環境側面の臨時見直し規定を活かす方法もあるでしょうし、本業の手順として既に存在する検討組織の検討項目に環境法の項目を追加する方法もあるでしょう。

検討手順を形骸化させない

また、チェックの手順を設けることが第一歩ですが、その際にこの検討手順が形骸化しないかどうかも確認すべきです。

環境法の適用有無の検討を行わなければ設備等の購入ができないようなルールをつくることが大切です。これにより、この検討をしなければ本業の流れがストップすることになるので必ず検討されることになるからです。また、そうした検討ができる力量を持った人をメンバーに加える方策も必要でしょう。

検討を形骸化させないことと関連しますが、対象設備の情報把握や検討した法規制の明確化も必要です。

決裁文書の片隅に「□環境法の適用を確認」というチェック項目があっても、本当に確認したのかどうかはっきりしません。決裁文書にどの法律、どの条例を検討したかどうかのリストを添付するくらいの対応は必要と思われます。

さらに、設備の導入は頻繁に生じるものではありません。毎回、ゼロからの検討にならないように、過去の決裁文書を検索しやすいようにしておくことも重要です。

これは、何か特別なデータベースをつくるべきと言っているわけではありません。

各決裁文書に法律名や法令上の設備名（例えば、製品名だけでなく、「ボイ

ラー」や「圧縮機」など法令でよく出てくる用語など）も入れておき、フォル
ダ内で容易に検索できるようにしておけば、筆者は十分だと考えます。

　一つひとつの対応はとても地味なものです。しかし、変化をしっかり把握し、
検討できる場ができることで、法令違反を格段と減らすことができます。

 ポイント

☑ 設備導入時など、変化があるときに法令違反をしやすい

☑ 導入時に適用法令の有無をチェックする手順をつくる

☑ 検討プロセスを本業の手順の中に落とし込む

ヒント 19 現場責任者・担当者の教育機会をつくる

 事例

　宿泊業の企業を訪問しました。全国各地にホテルなどがある企業です。

　環境法対応のしくみとして、本社は自社に適用される法規制を一覧表にまとめるとともに、法改正の情報を工場に配信していました。また、各宿泊施設が法令遵守の活動を行い、年数回、法令遵守の状況を評価するチェックも実施していました。

　実際に各施設の法令遵守状況を確認したところ、ある施設ではほぼしっかりと遵守できていました。しかし、別の施設では、届出が漏れていたり、産業廃棄物の保管場所が荒れていたり、フロン排出抑制法の対応ができていなかったりと、課題が次から次に出てきました。

　課題のあった施設の方々と議論した際、責任者の発言から、あまりコンプライアンスに関心がないのかなと感じました。また、担当者は環境法遵守における基本的な対応事項についても知らないことが多く、力量に課題があると感じざるをえませんでした。

　本社の方に確認したところ、本社では、本社事務局内でのみ環境法教育を実施しているということでした。

解説

環境法教育のポイントとしくみ

　法遵守すべき責任者や担当者の環境法対応の力量に課題のある企業は少なくありません。

　ISO14001では、2015年版において、担当者の力量確保を要求事項の一つと

しています。その効果もあり、力量確保のための環境法教育の機会をつくる企業が増えました。しかし、前述のように、未対応の企業もまだまだあります。

　環境法教育のポイントとしくみとしては、次のようなものが考えられ、現に各地の企業で実施されています。

環境法教育のポイントとしくみ（例）

しくみ（例）	教育のポイント
①実際に法遵守を担う者への教育訓練を定期的に行う	現場で業務として法遵守に関わる社員向けの定期的な教育（法規制一覧表等により、業務と法の関係性を確認）
②法遵守の評価をする者への教育訓練を定期的に行う	順守評価の実施前に教育を実施（特に上記①の者が評価作業を実施する場合は、セルフチェックになるので注意）
③それぞれの階層の責任者への法遵守認識強化の機会を定期的にもつ	法令違反のリスクを認識させるプログラムによる教育を実施
④上記それぞれのしくみが機能しているかを定期的にチェックする	上記①～③が適切に運用されていることをチェックし、法改正等も把握できる力量確保のための教育を実施

　多くの企業において、ISO14001やエコアクション21などの事務局に所属する社員に対しては、外部の環境法セミナーなどで教育を受けさせるなど、教育機会の確保が行われていると思います。
　ところが、現場責任者や現場担当者に対する教育が欠如しているケースが少なくなく、上記図表のように、その対策が求められているのです。図表に沿って説明していきましょう。
　まず、一つ目は「①実際に法遵守を担う者への教育訓練を定期的に行う」こ

とです。

　事業所の現場では、例えば、排水設備や化学物質の管理、廃棄物保管や危険物保管、フロン内蔵機器の点検など、業務として法遵守に関わる社員が少なくありません。

　こうした社員に対しては、個々の業務が法令に関連していることを認識させ、“現場の都合”などで法に違反しないように繰り返し周知することが求められます。

　具体的な教育方法としては、法規制一覧表や各種手順書を参照させながら、自らの業務と法規制の関係性を確認させ、その遵守の必要性を周知することなどが考えられます。

　二つ目は、「②法遵守の評価をする者への教育訓練を定期的に行う」ことです。

　日頃の遵守業務と、この評価作業を実施する社員が同じ場合である企業は少なくありません。そうなるとセルフチェックになり、常識的に考えてチェックが緩くなってしまいます。それを防ぐためにも、順守評価の実施前に本社事務局等が教育を実施するとよいでしょう。

　また、その際には、評価の結果、課題が出たとしても、それは「失点」では決してなく、外部から指摘される前に自ら課題を抽出できた「成果」であることを、本社事務局等が担当社員に伝えることも大切です。

経営層が認識教育の場を確保

　三つ目は、「③それぞれの階層の責任者への法遵守認識強化の機会を定期的にもつ」ことです。

　これは、詳細な法規制の内容を教育するというプログラムを実施することではありません。法令違反には、罰則適用はもちろん、社会的な批判によるリスクもあり、経営上のリスクであるので、それを認識させるプログラムによる教育を実施すべきです。短い時間でもよいでしょう。

ただし、その場では、ただ本社担当者が話すだけではなく、その教育の場には経営層にも関わってもらい、本業上のリスク回避のために環境法遵守が必要であることを認識させる仕掛けが効果的と思われます。

　最後の四つ目は、「④上記それぞれのしくみが機能しているかを定期的にチェックする」ことです。

　本社事務局等の主管部門により、上記①～③が適切に運用されていることをチェックするとともに、法改正動向なども把握しなければなりません。そのための力量を確保するための教育が必要です。

　継続的に環境法遵守をするには、しくみが不可欠ですが、教育もしくみの中にしっかり位置付けなければ形骸化します。

　くれぐれも、現場に丸投げすることのないようにしたいものです。

 ポイント

☑ 実務担当者、順守評価者の教育を計画的に行う
☑ 経営層も参加し、責任者にも認識強化の教育を行う
☑ しくみが機能しているかを定期的にチェックする

ヒント
20　法規制一覧表にはシンプルかつ具体的に書く

事例

　貨物運送業の企業の担当者とオンラインで会議をしていたときのことです。担当者から、こんな悩みを聞かされました。

　「法規制一覧表の内容がわかりづらく、社内で不評なのですが、どのように改善したらよいかわからないのです……」

　画面共有により、法規制一覧表を見せてもらうと、例えば、廃棄物処理法の遵守項目の一つとして、「産業廃棄物の処理を委託する場合は、委託基準に従うこと」と書かれていました。

　「ここに『委託基準』と書いてありますが、社内ではその中身について共有されていますか？」

　「うーん、処理業者さんと契約書を取り交わすことだと思いますが、社内では共有されていないと思います」

解説

法規制一覧表への記述方法

　自社に適用される環境法規制をまとめた法規制一覧表に対しては、上記のような悩みがよく出てきます。では、どのように解決すべきでしょうか。

　次の図表では、自社に適用される環境法の規制対応の記述について、悪い記述例と良い記述例をいくつか掲げてみました。

適用される環境法の規制対応の記述例

適用される 環境法規制	悪い記述例	良い記述例
大気汚染防止法第17条第1項、第2項	ばい煙発生施設を設置している者又は特定物質を発生する施設を設置している者は、事故が発生し、ばい煙又は特定物質が大気中に多量に排出されたときは、直ちに、応急措置を講じ、かつ、その事故を速やかに復旧するように努めなければならない。この場合、直ちに、その事故の状況を都道府県知事に通報しなければならない。	事故が発生し、○○棟から特定物質（アンモニア）が多量に漏えいした場合は、緊急事態手順書に沿って、応急措置等を講じ、直ちに県（○○対策課）に通報する。
水質汚濁防止法第12条第1項	特定事業場の排水口において排水基準に適合しない排出水を排出してはならない。	排水管理規定に基づき、定期的に排水口の測定を行い、基準値を超えていないことを確認し、その結果を3年間保存する。
廃棄物処理法第12条第6項	産業廃棄物の運搬又は処分を委託する場合には、政令で定める基準（委託基準）に従わなければならない。	・許可業者と法定事項を含む契約書を締結する。 ・許可証が有効期限内であることを確認する（期限が近ければ取り寄せる）。 ※詳細は、○○県産廃対策課ウェブサイト参照

　一つ目の大気汚染防止法では、事故時の措置を定めた条文を取り上げています。

　悪い例では、事故が発生した場合、応急措置等を講じることや都道府県への通報義務が記載されており、一応、とるべき対応手順が書かれています。

　しかし、文章が長く、しかも、工場等のどこで発生しうる事態なのかわかりません。これでは、日ごろ管理し、事故の際に注意すべき対象がわからなく

なってしまいます。

　一方、良い例では、シンプルでわかりやすくまとまっています。

　「〇〇棟から特定物質（アンモニア）が多量に漏えいした場合」と対象を明確にするとともに、緊急事態手順書も作成していることがわかり、対応手順もはっきりしています。

　二つ目の水質汚濁防止法では、特定事業場における排水基準の遵守を定めた条文を取り上げています。

　悪い例では、シンプルであるものの、条文をほぼそのまま引用するのみであり、基準に適合しない排水を防止するために何をするのかがわかりません。

　一方、良い例では、排水基準を遵守するためにやるべきことが明確に定められています。「排水管理規定」という詳細を定めた文書の存在があることを明示し、それに基づく定期的な測定や測定結果の3年間保存という実施事項が明確になっています。

対応方法を具体的に記述する

　三つ目の廃棄物処理法では、産業廃棄物の処理を委託するときに遵守すべき委託基準を定めた条文を取り上げています。

　悪い例では、やはり条文のままであり、具体的に何をするのかわかりません。

　委託基準は、例えば契約書の法定記載事項の記載義務など、詳細な義務から成っており、すべてを法規制一覧表に記載すると膨大な量になってしまいます。

　そこで、ある程度圧縮などの工夫が必要となりますが、この悪い例では、あまりに圧縮しすぎており、どのように調べればよいかも何もわかりません。

　一方、良い例では、委託基準遵守のポイントが例示されるとともに、参照先も明示しているので、担当者が委託基準をよくわかっていなくても、調べ方がわかります。

　そもそも、企業が行うべき事項を文書化する方法に決まりはありません。

　長々と文書化しても構いません。ただし、それでは、利用しづらいでしょう

し、結局は管理の形骸化を招くことになるでしょう。

　各社が、担当者の力量を持たせながら、いかに効率的で有効な文書を試行錯誤しながらつくっていくしかないのです。

　筆者自身は、「次に引き継いだ人が探せるかどうか（管理できるかどうか）」を常に意識して、文書の整備をすべきだと考えています。「法規制一覧表は業務の引継ぎができる程度の文書量がよい」とよく提案しています。

　そのときは、上記のように、やるべきことを「シンプルかつ具体的に」記述することを心がけて対応するとよいでしょう。

 ポイント

☑ 法規制一覧表には法令原文をそのまま載せない

☑ 項目ごとに対応すべきことをシンプルにまとめる

☑ 対応方法をあいまいに書かず、業務の引継ぎ書類のように具体的に書く

ヒント 21　法令違反を見つけたら、ポイントを押さえて行政に報告

事例

　電子部品などを製造する工場を訪問し、工場内の設備を確認していたところ、大気汚染防止法のばい煙発生施設や水質汚濁防止法の特定施設に該当するものがいくつか出てきました。

　「結構、対象設備があるんですね」と話すと、ご担当者は、ため息をついて語り始めました。

　「実は昨年の内部監査で、このうち、〇〇と△△の設備について届出をしていないことが発覚したんです。でも、設置したのは既に10年以上前ですし、今さら行政に言うわけにもいかず、どうしたらいいものかと……」

　「え？　そのままにして、届出をしていないんですか？」

　「はい……」

解説

法令違反の対応方法

　法令遵守は、企業経営の「基本のキ」です。

　しかしながら、時に法令違反が起きることもないとは言えません。特に、環境法については、軽微なものを含めれば、法令違反が起きやすい分野です。

　冒頭の事例のように、筆者も、率直に申し上げて、しばしばそうした現場を見てきています（なお、冒頭の工場では後日、行政への届出を済ませました）。

　では、違反を見つけたとき、企業（担当者）はどのように対応すべきなのでしょうか。

次の図表では、環境法違反が発覚した際の対応方法の例をまとめたものです（なお、以下の記述は、法令違反をしないことがそもそも基本であり、違反した場合は速やかに是正すべきであることを前提にしています。また対応方法も一つの例にすぎないことをあらかじめお断りしておきます）。

環境法違反をしたときの対応方法の例

No.	環境法違反の事例	汚染の有無	対応方法の例
1	大気汚染防止法のばい煙排出基準を継続して超過していたが、測定記録を改ざんし、基準内としていたことが発覚した。	あり	重大な違反である。直ちに行政に報告し、謝罪と早急な対策を講じることを約束する。後日、行政の指導の下に対策を実施する。
2	工場近隣住民から騒音の苦情があったので測定したところ、騒音規制法の規制基準を超過していた（年1回の測定では超過していない）。	あり	違反である。住民に謝罪と報告を行うとともに、直ちに行政に報告し、対策を協議する。
3	水質汚濁防止法の特定施設の届出について、一部の設備の届出を行っていなかった。事業場の排水基準遵守には問題なかった。	なし	違反である。早急に、再発防止策の方向性をまとめ（未届出の施設のリストアップ、設備導入時の法令チェックのしくみ整備など）、行政に報告し、対策を協議する。
4	産廃の保管場所ではないところに産廃が置かれていた。仮置き場としていたが、いつの間にか恒常的な産廃置き場と化していた。飛散・流出等のおそれはなかった。	なし	違反である。早急に、仮置き場を法令上の産廃保管場所と位置付け、所定の看板や囲いを設置する。特に、飛散・流出等が発生しないかどうかチェックする。また、必要に応じて行政に報告し、対策を協議する。

これらの事例は、いずれも筆者が過去に全国様々な工場・事業所で見聞きしてきたものです。

　いずれも法令違反であり、対策を講じなくてはいけないものですが、それを実施するに際しては特に環境汚染の有無に注目するとよいでしょう。

　一つ目の事例は、大気汚染防止法違反のものです。

　ばい煙排出基準を継続して超過していることを隠すために、測定記録を改ざんしていたというものなので、悪質な事案と考えるべきでしょう。

　平成22年、大手企業においてもこうした事案が次々に発覚し、大気汚染防止法や水質汚濁防止法が改正され、改ざん防止への措置が強化されました。

　この場合は、悪質であり、かつ、現実に環境を汚染している（基準を超えている）ことになりますので、できる限りの対策を講じるべきです。

　まずは、直ちに行政に報告し、謝罪と早急な対策を講じることを約束することでしょう。

　ちなみに、本法では、ばい煙排出基準に違反した場合は、6カ月以下の懲役又は50万円以下の罰金に処するなどの罰則があります（本法第33条の2第1項）。過失によってこの罪を犯した場合でも3カ月以下の禁錮又は30万円以下の罰金などの罰則が適用されます。また、測定について虚偽の記録をした場合は、30万円以下の罰金に処するなどの罰則もあります。

法令違反の様々なパターンを考慮する

　二つ目の事例は、騒音規制法違反のものです。

　年1回の測定では、基準値を超えていなかったものの、近隣住民から騒音の苦情があったので測定したところ、基準を超過していたというものでした。

　これも環境汚染の有無で考えれば、基準を超えているので直ちに対応が必要です。

　しかも近隣住民の指摘があったことを踏まえれば、持続的な操業も視野に入れ、行政への報告とともに、住民への謝罪を含む地域コミュニケーションも求められると思います。

　三つ目の事例は、水質汚濁防止法違反のものです。一部の特定施設を届出し

ていなかったというものです。

　環境汚染の有無で考えれば、事業場からの排水そのものに問題がないということであれば、汚染は生じていないことになります。

　そこで、一般的に言えば、早急に、未届出の施設を社内でリストアップするともに、設備導入時の法令チェックのしくみを整備するなど、現状把握と再発防止策を取りまとめたうえで、行政に報告し、対策を協議するとよいでしょう。リストアップに時間がかかりそうであれば、まずは行政に報告すべきです。

　四つ目の事例は、廃棄物処理法違反のものです。

　産業廃棄物の保管場所ではないところに産廃が置かれていたものであり、同法の産廃保管基準に抵触します。

　環境汚染の有無で言うと、飛散・流出等のおそれはなかったということなので、汚染は生じていません。産廃保管基準のうち、掲示板や囲いの設置を行っていないことが違反箇所となります。

　この場合は、早急に、仮置き場を法令上の産廃保管場所と位置付け、所定の看板や囲いを設置することが求められるでしょう。

　また、飛散・流出が発生しないかどうかは繰り返しチェックすべきです。現場の報告だけに基づき「飛散・流出等なし」と判断せず、第三者的な視点でのチェックを行うことが無難です。そのうえで、必要に応じて行政に報告し、対策を協議するとよいでしょう。

　なお、産業廃棄保管基準に違反した場合にも罰則が適用されることがあります。廃棄物処理法では、産業廃棄物保管基準に適合しない産業廃棄物の保管が行われた場合、都道府県等は排出事業者に対して改善命令を発出することができます（第19条の３）。これに違反した場合、３年以下の懲役若しくは300万円以下の罰金に処し、又はこれを併科するなどの罰則もあります。

　一言で「法令違反」と言っても、その内実は様々です。

　もちろん、できるのであれば、すべての法令違反に対して直ちに対応すべき

です。

　ただし、重大な違反と軽微な違反を「法令違反」と同列に位置付けて対策を講じてしまうと、重大な違反がかすむリスクがあります。対策にはある種のメリハリが求められると思います。その際は、「環境汚染の有無はないかどうか」を第一のポイントと捉え、地域や行政との関係性も考慮しながら対策を検討するとよいでしょう。

ポイント

- ☑ 環境法違反には様々なパターンがある
- ☑ 環境汚染があれば、直ちに行政に報告する
- ☑ 地域・行政との関係も念頭に置きながら積極的に対応をする

ヒント
22　実効性をもって遵守状況をチェックする

事例

　西日本の印刷業を営む企業の環境事務局とリモート会議をしていたときのことです。

　その企業は ISO14001 を認証取得し、環境法への対応が適切かどうかを評価する「順守評価」のしくみを持っていました。それは、年 2 回、各部門の担当者が、自部門の遵守状況を自ら評価するというものでした。

　「手順書によれば、確認した遵守状況について順守評価表に記入しているようですね。順守評価表を見せていただけますか？」

　事務局からその表が提示され、中身を見ると、どの項目も「○」印が付いています。

　ただし、なぜ「○」印を付けているのか、その表からだけではよくわかりませんでした。

　例えば、毒劇法の義務規定には、盗難・紛失・飛散防止の措置を講じることや、貯蔵陳列場所に「医薬用外劇物」等の表示をすることなどが義務付けられています。

　ところが、その順守評価表を見ると、「取扱い・表示基準の遵守」とのみ書かれてあり、そこに「○」が付いていても、上記の規制を遵守していることをチェックしたかどうかわからなかったのです。

　そこで、印刷部門の方と話す際、スマートフォンのビデオ機能を使い、自ら管理する毒物・劇物の置場を見せてもらいました。

　すると、扉も何もない棚に劇物が置きっ放しになっており、かつ、何の表示もない状態でした。

🗨 解説

環境法の遵守状況のチェック

これまでの筆者の経験から、環境法遵守状況のチェックの課題と対策は、次の図表の通りです。

定期的なチェック手順がある企業の課題と対策

課題	対策
○チェックの根拠が不明 例：何を根拠にチェックしているのか、一覧表に記載がない	○チェックの根拠を明示する 例：一覧表に「評価の根拠」の列をつくり、「○」「×」の根拠を明確にする
○チェックを書面のみで行っている 例：保管場所などをチェックせず、一覧表だけ見てチェックしている	○現場チェックも組み込む 例：一覧表に「保管場所の確認」をチェック項目に加える
○セルフチェックで終わらせている 例：自らの遵守状況をチェックするので、ついつい「○」にしてしまう	○第三者チェックの手順をつくる 例：順守評価を社内外の第三者に委ねる。又は、内部監査を充実させる
○チェック者の力量が足りない 例：力量のない新任者にチェックをさせている	○チェック者の教育を行う 例：チェック者の社内資格制度を設け、教育計画を策定し、実施する

まず、言うまでもありませんが、環境法を遵守し続けるためには、その遵守状況をチェックする手順を整備することが不可欠です。

「なにをいまさら」と思う方もいるかもしれませんが、ISO14001やエコアクション21などのEMSを運用していない国内の企業の大半は、こうしたしくみがないので、まずは押さえておくべき重要なポイントとなります。

その上で、そうした手順があっても課題はいろいろあります。

冒頭の事例で紹介したように、チェックのための一覧表があっても、何を根

拠にチェックしているのかよくわからないことがあるのです。その多くは、一覧表に記載がないことに起因します。

そこで、最も簡便な対策としては、一覧表に「評価の根拠」の列をつくり、「○」「×」の根拠を明確にするのです。例えば、毒劇法であれば、その欄に、「盗難・飛散防止策がある（施錠など）」、「医薬用外劇物の表示がある」などの項目を設けることにより、チェック者が何をもとに「○」「×」を付けるのかが明確になります。

また、そうすることより、チェック作業について一覧表を見るだけで終わらせることなく、保管場所などの現場へ行ってチェックする必要があることがわかるようになるでしょう。

セルフチェックの課題

さらに、ISO14001やエコアクション21を認証している企業においても、その多くは、日ごろ遵守を実施している担当者自身が、遵守のチェックもしていることがあります。

一般に自分がやっていることをチェックすると、その作業はどうしても形骸化しがちとなります。その意味では、第三者がチェックする手順をつくることも一考でしょう。

最近では、順守評価を社内外の第三者に委ねることをしばしば見かけるようになりました。実は、冒頭の事例も、筆者がその立場となり、遵守のチェックをしていたときのエピソードです（ただし、内容を大幅に改変しています）。

ちなみに、これを内部監査において社内で実施しようと、遵守に関する監査項目を充実させ、順守評価と内部監査を一体化させている企業もあります。

そもそもISO14001では、内部監査において法令遵守も監査するはずなのですが、残念ながらこれも形骸化しているケースが少なくないので、参考になる取組みです。

一方、こうしたチェックの取組みをいくら強化しても、チェック者の力量が

足りなければ、すべての取組みは水泡に帰し、形骸化することになります。

　その意味では、チェック者の社内資格制度を設け、教育計画を策定し、実施するなどの取組みも不可欠であると言えるでしょう。

ポイント

☑ 法令遵守のために遵守状況のチェック手順は不可欠

☑ ただし、チェック手順が形骸化している企業が多い

☑ チェックの根拠の明示、第三者チェック、チェック者の教育をする

ヒント 23　労働安全衛生法の化学物質対策に取り組む

事例

　設備工事業の企業を訪問したときのことです。

　その企業が適用される環境法の資料を見ている中で、「おや」と気になる点があったので、サステナビリティ推進課の担当者に聞いてみました。

　「化管法の PRTR や SDS の義務が書かれていますが、労働安全衛生法の化学物質規制が書かれていませんね。総務部や安全衛生委員会などの別部署で対応されているのですか？」

　「はい。労働安全衛生法の対応については、総務部が所管しています」

　「わかりました。では、後で総務部のほうで対応状況を聞いてみますね」

　ところが、その後、総務部に行って同様のことを聞くと、「いや、化学物質対策はサステナビリティ推進課が対応しています。ウチではありませんよ」と言われてしまいました。

　つまり、この企業では、労働安全衛生法の化学物質規制について明確な管理体制が整備されていなかったのです。

解説

環境法と労働安全衛生法の化学物質規制

　労働安全衛生法を「環境法」だと思いますか。

　行政や研究者の世界では明らかに環境法ではないとはいえ、企業によっては「環境法」と捉えて運用しているところが多いと思います。

　一方、本法を環境法と捉えずに、別に対応している企業もありますので、環境コンサルタントの筆者が特にこの法律について確認する際には、その企業が

どのように対応しているのかを慎重に聞くようにしています。

　労働安全衛生法の規制をどこまで環境上の取組みとして対応するか否かについて、企業によって考え方は様々です。正しい回答は一つではないでしょう。

　しかし、少なくても事例のように事実上、無管理の状態であることが誤りであるのは明らかです。何らかの対応が必要です。

　化学物質対策を定める環境法は多岐にわたりますが、代表的なものとしては、化審法と化管法があります。

　化審法・化管法と労働安全衛生法の化学物質規制の相違をまとめると、次の表のようになると思います。

主な環境法と労働安全衛生法の化学物質規制の相違

法律名		規制	相違のポイント
主な環境法の化学物質規制	化審法	人の健康を損なうおそれなどがある化学物質による環境の汚染を防止。新規化学物質の製造・輸入の事前審査や、上市後の化学物質の製造・輸入の届出や取扱い義務がある。	・対象化学物質を主に年 1t 以上製造・輸入する場合に届出等の義務 ・主に製造・輸入業者が規制対象となり、単なる取扱業者は規制対象ではない。
	化管法	事業者による化学物質の自主的な管理の改善を促進し、環境保全上の支障を未然に防止。PRTR 制度（対象化学物質の排出・移動量の届出）と SDS 制度（事業者間で対象化学物質を提供する際に取扱情報等を提供）を柱とする。	・対象物質で重複がある。 ・SDS 制度も重複する（ラベル表示は努力義務）。 ・PRTR という独特の法制度がある。 ・化学物質リスクアセスメントの義務はない。
労働安全衛生法		・労働災害の防止のため、安全衛生推進者等の選任など、安全管理体制の整備を義務付けるとともに、危害防止基準や自主的活	・対象物質が多い（重複もある）。 ・化管法と同様に SDS 制度がある（対象物質に重複がある）。 ・特化則等による取扱いの詳細な

	動の促進などを定める。 ・化学物質規制として、製造等の禁止、特定化学物質障害予防規則（特化則）等による個別規制、SDS・ラベル表示・リスクアセスメント等の義務がある。	規制措置がある。 ・化学物質リスクアセスメントという独特の法制度がある。 ・ラベル表示が義務。

　まず、化審法は、人の健康を損なうおそれなどがある化学物質による環境の汚染を防止することを目的にしています。

　そのために、新規化学物質を製造・輸入しようとするときに事前審査を義務付けるとともに、市場で出回った後についても、対象化学物質を年1t以上製造・輸入する際の届出や取扱義務などを定めています。

　労働安全衛生法との相違を考えるときには、化審法の規制対象が主に製造・輸入業者であり、単なる化学物質の取扱業者は規制対象とはならないことを押さえるとよいでしょう。

　次に、化管法は、事業者による化学物質の自主的な管理の改善を促進し、環境保全上の支障を未然に防止することを目的としています。

　具体的には、対象化学物質の排出・移動量について年に1回届出を義務付けるPRTR制度と、事業者間で対象化学物質を提供する際に取扱情報等を提供することを義務付けるSDS制度を定めています。

　労働安全衛生法との相違を考えるときには、まず、どちらの法律もSDS制度を定め、かつ、対象となる化学物質に重複があることを押さえることが大切です。

　一方、PRTR制度は化管法独自のものであり、また、ラベル表示は努力義務となることも認識すべきでしょう（労働安全衛生法の場合、ラベル表示は義務）。

労働安全衛生法の化学物質規制のポイント

　以上を前提に、労働安全衛生法の化学物質対策を見ていきましょう。

　労働安全衛生法は、労働災害の防止のため、安全衛生推進者等の選任など、安全管理体制の整備を義務付けるとともに、危害防止基準や自主的活動の促進などを定めている法律です。

　その規制の中には、広範囲な化学物質対策も定めています。令和 5 年 1 月時点で670を超える化学物質を取り扱う事業者に、SDS（安全データシート）の交付やラベル表示、化学物質リスクアセスメントを義務付けています。

　さらに、健康障害が多発する100以上の化学物質については、特定化学物質障害予防規則や有機溶剤中毒予防規則等により、個別に厳しく規制しています。

　こうした労働安全衛生法の化学物質対策を、化審法・化管法のそれと比べてみると、特に取り扱う段階において、対象物質や SDS 制度の点で化管法との重複があることに気づかされます。

　ある化学物質を取り扱う工程があるとしましょう。

　取扱いに際して、労働安全衛生法に従って、SDS や化学物質リスクアセスメントの結果に基づき、その注意点などを確認し、作業者の健康被害等の防止に努めることになります。

　また、化管法に従って、SDS に基づき、その注意点などを確認し、環境汚染につながらないように努めることになります。

　このように特定の工程を想定するとわかりやすいと思うのですが、両者の規制は重複していることになります。

　したがって、一つの部門で対応方法をまとめて管理したほうが効率的であるとは言えるでしょう。

　一方、すでに労働安全衛生部門と環境部門が別個に動き、組織的に統合が難しい場合は、少なくても両者間での情報のやりとりが継続的に行えるような手順を整備し、例えば法改正の情報入手に抜け漏れがないようにすることが必要

と言えるでしょう。

　社内の作業者の健康や安全に影響を与えるものが外部に出れば、環境汚染につながるおそれがあるということと、そもそも環境法と労働安全衛生法の規制対象や規制事項が重複していることを踏まえ、実効的かつ継続的な対応方法を考えることが肝要です。

　なお、化管法は令和5年4月から対象化学物質が大きく見直された改正が施行されます。また、労働安全衛生法は主に令和5年4月及び令和6年4月に対象化学物質の追加を含めて広範囲な改正が施行されます。両者の法改正にも十分注意して対応してください。

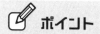 ポイント

☑ 労働安全衛生法の化学物質規制を環境法として捉えるかは各社次第
☑ 化管法との重複はあるので、一体化した管理が効率的な場合もある
☑ 別々に管理している場合は、情報共有をしっかり行う

ヒント 24　生物多様性対策に取り組む

事例

　エネルギー関連の工場を訪問したときのことです。工場内の移動を自転車や車で行うなど、かなり広大な敷地で操業していました。

　「緑地の図面を見せていただけますか？」

　会議室で書類を確認する中で聞いてみると、緑地を含む工場の地図が出てきました。しかし、どうも現状と異なるようです。

　「地図では、東の建屋の横が緑地になっていますが、確かこの場所には資材置き場がありましたよね？」

　「あ、確かにそうですね……」

　後で調べてもらったところ、元々は緑地だったのですが、生産工程の変更に伴う建屋改修の際に、生産管理の部署と構内常駐業者の勝手な判断で資材置き場にしてしまったということでした。

　この工場には工場立地法が適用され、この地域では緑地面積が敷地の20％以上と定められていました。しかし、資材置き場になってしまった面積を引いて工場内の緑地面積を計算してみたところ、緑地面積は18％になっていました。

　本法の基準を満たさず、違法な状態になっていたのです。

解説

工場緑地と生物多様性

　工場立地法の規制対象となる工場では、生産施設の面積の上限が設定されるとともに、緑地などの面積の下限が設定されます。

こうした基準を満たしていない場合、市町村は勧告や変更命令を行うことができます。

　今回のような事態にならないように、日ごろから工場内の緑地等が法の規制を受けていることを関係者に周知するために、教育訓練を計画することが重要です。

　また、緑地等に手を加える場合は、必ず本法の担当部署がチェックできるようにする手順を設け、違反しないためのしくみを整備することも必須でしょう。

　ところで、工場緑地への取組みについて、本法の遵守はもちろんですが、SDGsなどによって生物多様性への取組みが年々重要性を増しています。

　しかし、その対応方法に悩む企業が少なくありません。

　こうした状況を踏まえると、工場の緑地管理について、ただ工場立地法の遵守だけにとどめるのは、いかにも「もったいない」と私には感じます。

　実は、次の図表のように、工場立地法の「緑」には「生物多様性」の視点が圧倒的に不足しています。

　例えば、本法施行規則第3条では、本法の「緑地」の要件の一つとして、「低木又は芝その他の地被植物（除草等の手入れがなされているものに限る。）で表面が被われている土地又は建築物屋上等緑化施設」を挙げています。

　また、同法の運用指針となる「工場立地法運用例規集」では、「樹木の生育する土地については、当該土地…の全体について平均的に植栽されている必要があり…」や、「定期的に整枝・剪定等手入れを行い、工場等の周辺の地域の生活環境を損なうものでないこと」と定めたりしています。

　これらの記述は、おそらく単なる「荒地」を「緑地」と主張させないようにする趣旨なのでしょうが、この規定からは生物多様性の保全の視点がすっぽり抜け落ちています。

生物多様性保全に向けた新しい動き

　そもそも生物多様性とは、「様々な生態系が存在すること並びに生物の種間

工場立地法の「緑地」と生物多様性条例の例

工場立地法	生物多様性条例の例
■「緑地」の定義（本法第 4 条第 1 項第 1 号） 「緑地（植栽その他の主務省令で定める施設をいう。以下同じ。）」 ↓ ●「緑地」の要件の一つ 「低木又は芝その他の地被植物（除草等の手入れがなされているものに限る。）で表面が被われている土地又は建築物屋上等緑化施設」（本法施行規則第 3 条） ●対象となる緑地の例（工場立地法運用例規集より） ・「樹木の生育する土地については、当該土地…の全体について平均的に植栽されている必要があり…」 ・「定期的に整枝・剪定等手入れを行い、工場等の周辺の地域の生活環境を損なうものでないこと」	■神戸市生物多様性の保全に関する条例 （緑化における配慮） 第 16 条　市及び事業者は、緑地の造成その他の緑化に係る事業を行うときは、規則で定める植物種を使用しないよう努めなければならない。 ↓ ●「規則で定める植物種」（本条例施行規則別表第 2） ・オオバヤシャブシ、ハゴロモモ、園芸スイレンなど29種の植物種

及び種内に様々な差異が存在すること」です（生物多様性基本法第 2 条第 1 項）。

　つまり、生態系の多様性、種の多様性、遺伝子の多様性の 3 要素を含んだ概念です。緑地だからよいというものではなく、それがこうした多様性の保全に寄与しうるものかどうかが重要なのです。

　「神戸市生物多様性の保全に関する条例」では、希少野生動植物種の保全や、外来種による生態系被害の防止、市民等との協働による生物多様性保全等活動などを定めていますが、企業に関連する規定もいくつかあります。

　その中には、「市及び事業者は、緑地の造成その他の緑化に係る事業を行うときは、規則で定める植物種を使用しないよう努めなければならない。」とい

う条文もあります（第16条）。

　「規則で定める植物種」とは、本条例施行規則でオオバヤシャブシなど29種の外来種などが定められています。

　緑地整備の際に外来種を安易に使用せず、できる限り在来種によって対応することを求めていると言えるでしょう。

　生物多様性の視点から緑地を考える場合は、工場立地法に沿って考えても前向きな対応は難しいと言わざるをえません。

　こうした生物多様性保全条例など、視野を広げて検討していくとよいでしょう。

　2022年12月には、生物多様性条約第15回締約国会議（COP15）において、新たな生物多様性に関する国際的な目標となる「昆明・モントリオール生物多様性枠組」が採択されました。ここでは、「2050年までに自然生態系の面積を大幅に増加する」というゴールなどが定められました。

　また、ターゲット3では、2030年までに陸域と海域の少なくとも30％以上を保全することを目指すことが掲げられました。これは、「30 by 30（サーティー・バイ・サーティー）目標」と呼ばれるものです。

　日本政府は、これを達成するために、国立公園などの保護地域とともに、保護地域以外の生物多様性保全に貢献している場所を自然共生サイト（仮称）として認定する事業を進めています。この場所には、里地里山とともに、「企業有林」も含まれてきます。つまり、工場緑地もその対象となりうるのです。

　現在適用される法令（工場立地法）だけでなく、社会の要請（30 by 30）を視野に入れた取組みを行うことも検討してみるとよいでしょう。

ポイント

☑ 工場を操業する中で緑地比率が知らず知らずに低下しないようにする

☑ 工場緑地を「生物多様性保全」の観点から見直す

☑ 神戸市条例のように在来種の保全に向けてできることを検討する

ヒント 25 トップへの報告事項を吟味する

 事例

　ある建設業の本社を初めて訪問し、環境法への対応状況を確認していると、実に優れた対応をしていることに感心しました。

　多くの企業において環境法遵守のしくみが整備されているものの、取組みがうまくいっていないことが少なくありません。

　ところが、この会社では、担当者の教育・対応、事務局の情報入手・整理、社内周知、遵守のチェックなど、どの場面をとってもよくできていました。現場の管理状況も概ね問題はありませんでした。

　その理由は、社長とお会いしたときにわかりました。環境法を遵守することへの強い意思を表明し、事あるごとにその重要性と徹底指示を社員に伝えていたのです。

　社長は次のように発言されました。

　「環境事務局から、年2回、環境法の遵守状況と課題についてきちんと説明を受けています。昨年は、異動してきた担当者の力量アップと化学物質対策に課題があるという報告を受けたので、その対応を指示し、その後の状況報告も受けています」

解説

トップへの報告と指示

　ISO14001やエコアクション21などのEMSを運用している企業では、年1回程度、社長や工場長などのトップに活動状況を報告するしくみがあります。ISOでは「マネジメントレビュー」と呼ばれます。

　この企業では、このマネジメントレビューがうまく機能していたのです。

　ISO14001では、トップへの報告事項と、それを受けたトップからの指示事項の枠組みを定めています。

　次の図表では、トップへの報告とトップからの指示に関するISOの要求事項と、それを踏まえた実務での留意点をまとめてみました。

トップへの報告とトップからの指示事項と実務での留意点

項目	ISO14001の枠組み	実務での留意点（例）
トップへの報告	マネジメントレビューは、次の事項を考慮しなければならない。 a）前回までのマネジメントレビューの結果とった処置の状況 b）次の事項の変化 　1）環境マネジメントシステムに関連する外部及び内部の課題 　2）順守義務を含む、利害関係者のニーズ及び期待 　3）著しい環境側面 　4）リスク及び機会 c）環境目標が達成された程度 d）次に示す傾向を含めた、組織の環境パフォーマンスに関する情報 　1）不適合及び是正処置 　2）監視及び測定の結果 　3）順守義務を満たすこと 　4）監査結果 e）資源の妥当性 f）苦情を含む、利害関係者からの関連するコミュニケーション g）継続的改善の機会	○法令遵守の徹底の指示にどう対応したか ○法改正と対応方法はどうなっているか ○事業・設備の変更と法令調査と対応に課題はないか ○外部審査・内部監査・監視測定・順守評価結果から遵守状況に課題はないか ○担当者の力量を確保できているか（教育計画を含む）

トップか らの指示 事項	マネジメントレビューからのアウト プットには、次の事項を含めなければ ならない。 －環境マネジメントシステムが、引き 　続き、適切、妥当かつ有効であるこ 　とに関する結論 －継続的改善の機会に関する決定 －資源を含む、環境マネジメントシス 　テムの変更の必要性に関する決定 －必要な場合には、環境目標が達成さ 　れていない場合の処置 －必要な場合には、他の事業プロセス 　への環境マネジメントシステムの統 　合を改善するための機会 －組織の戦略的な方向性に関する示唆	○法令遵守のしくみと状況に課題があ 　るかないかの結論を明示しているか ○担当者の力量アップの必要はないか 　（教育計画の見直しを含む） ○効率的かつ有効な法令遵守のしくみ 　を指示しているか

　環境法令に関するトップへの報告書をこれまで多く見てきた筆者の実感で言うと、遵守状況に問題がないとする順守評価の結果をまとめた書類の提出にとどまっている企業が多いという印象です。

　事務局や現場が、本音では法令遵守が徹底されているのか不安に感じている企業においても、このような報告書にとどまっていることがありました。

　ある企業では、それに加えて、過去1年間の間に法令違反を問われて行政指導された事案があったにもかかわらず、それに関する報告すら抜けていました。報告が形骸化していたのです。

　そうではなく、「法令遵守の徹底の指示にどう対応したか」、「法改正と対応方法はどうなっているか」、「事業・設備の変更と法令調査と対応に課題はないか」、「外部審査・内部監査・監視測定などから遵守状況に課題はないか」、「担当者の力量を確保できているか（教育計画を含む）」など、きめ細かく報告することにより、トップに適切な状況把握ができるようにすべきでしょう。

　こうした報告を踏まえれば、自ずからトップからの指示事項も具体的になってくるはずです。

トップへの提案

　それを後押しするように、事務局は、「法令遵守のしくみと状況に課題があるかないかの結論を明示しているか」、「担当者の力量アップの必要はないか（教育計画の見直しを含む）」、「効率的かつ有効な法令遵守のしくみを指示しているか」など、具体的な指示事項の案を投げかけていくとよいでしょう。

　マネジメントレビューの際にこうした点に留意するということは、法令遵守に関するトップのコミットメント（関与）を明確にするということです。

　やや極端に言えば、こうした改善をすれば、仮に法令遵守に課題が生じれば、現場や事務局のミスではなく、トップの判断に課題があったことになります。

　この状況を理解すれば、トップの法令遵守への意識も強化されるでしょうし、それは社内への法令遵守意識の向上にもつながるはずです。

　ISO14001やエコアクション21などのEMSに対して、このしくみがあたかもボトムアップで行うものと捉えられる風潮がありますが、これは大きな誤解です。

　どちらもトップのコミットメントを基底に据えたトップダウンのしくみです。

　強力なリーダーシップがなければPDCAサイクルを回すことはできません。

　法令遵守に対してトップのリーダーシップが機能していない現状があるとすれば、まずはいかにトップの意識が変わるかということを課題設定し、トップへの報告事項を改善するとよいのではないでしょうか。

　筆者は、環境コンサルタントとなって20年が過ぎました。その中でEMS活動に成功している企業と出会ったり、筆者も協力することにより成功したりした企業もあります。「EMSの成功」とは、もちろん環境法の継続的な遵守も含まれてきます。

そうした成功した企業に共通していることは、トップの強い関与の下、EMS 事務局が活動を主導していることです。

トップが環境活動に本気になれば、EMS 活動は一気に進みます。EMS と本業の指揮命令系統を一本化させ、本業の社内会議の中で EMS 活動も議題に上れば、形骸化した活動などできるはずがありません。各部門は主体的に活動を推進していくことになるはずです。

環境法の遵守という活動も、このプロセスの中にしっかりと組み込んでいけば、必ず成功するはずです。

 ポイント

- ☑ 法令遵守の状況の報告が「違反なし」でとどまるケースが多い
- ☑ 法改正、審査・監査、測定等への対応や教育の課題等を具体的に報告する
- ☑ 事務局の不安な点を踏まえた対策の変更を提案する

おわりに

　この20年以上、「環境問題」に向き合ってきた身として率直に申し上げると、いまの社会はかなり危機的な状況に来ていると感じています。

　「気候変動」が気づけば「気候危機」と叫ばれるようになりました。海洋プラスチック汚染による資源循環の課題が顕在化しました。そして、生命40億年の歴史上6回目となる大量絶滅時代に突入したとすら言われています。私たちは、将来の世代に顔向けができるのだろうかと自問自答することもあります。

　それでも、筆者はあきらめる気持ちにはなりません。

　最近、日本海側のある街で、企業の担当者の方と雑談していたとき、彼は照れながらこう言っていました。「子どもに、『お父さんの仕事は環境を守る仕事なんだ』って言っちゃったんですよね。だから、今の仕事をがんばらないと。」

　本書は実務者向けの小著ではありますが、こんな心ある実務者の方の仕事に少しでもプラスになり、サステナブルな社会に向かう動きに少しでも貢献できれば幸いです。

　なお、本書で紹介する企業の事例は、複数の企業における取組みを適宜まとめ直し、業種等の設定も変えるなど、個別の企業を特定されないようにしました。個々の企業の取組みをそのまま紹介したものではないことをお断りしておきます。

安達　宏之

著者紹介

安達宏之 (あだち　ひろゆき)

　有限会社 洛思社 代表取締役／環境経営部門チーフディレクター。

　2002年より、「企業向け環境法」「環境経営」をテーマに、洛思社にて環境コンサルタントとして活動。執筆、コンサルティング、審査、セミナー講師等を行う。ほぼ毎週、全国の様々な企業を訪問し（リモートを含む）、環境法や環境マネジメントシステム（EMS）対応のアドバイスなどに携わる。セミナーでは、2007年から、第一法規主催などの一般向けセミナーや個別企業のプライベートセミナーの講師を務める（2023年1月時点で総計730回）。

　ISO14001 主任審査員（日本規格協会ソリューションズ嘱託）、エコアクション21 中央事務局参与・審査員。上智大学法学部「企業活動と環境法コンプライアンス」非常勤講師、十文字学園女子大学「多様性と倫理」非常勤講師。

　著書に、『図解でわかる！環境法・条例―基本のキ―（改訂2版）』（第一法規・2022年）、『罰則から見る環境法・条例―環境担当者がリスクを把握するための視点』（第一法規・2023年）、『企業と環境法―対応方法と課題』（法律情報出版・2018年）、『生物多様性と倫理、社会（改訂版）』（法律情報出版・2023年）、『企業担当者のための環境条例の基礎―調べ方のコツと規制のポイント』（第一法規・2021年）、『ISO環境法クイックガイド』（第一法規・共著・年度版）、『通知で納得！条文解説 廃棄物処理法』（第一法規・加除式）、『業務フロー図から読み解くビジネス環境法』（レクシスネクシス・ジャパン・共著・2012年）など多数。

　執筆記事に、「EMSを課題解決のコアに据える～サステナブルな経営へ」（『アイソス』システム規格社・2022年～2023年連載）、「ISO14001改訂版と現行版との差分解説」（『標準化と品質管理』日本規格協会・2015年5月・共著）、「環境条例を読む」「東京都の環境規制」（以上、『日経エコロジー』日経BP社・2008年連載）など多数。

サービス・インフォメーション

┌─────────────────────── 通話無料 ───┐
①商品に関するご照会・お申込みのご依頼
　　　　　TEL 0120(203)694／FAX 0120(302)640
②ご住所・ご名義等各種変更のご連絡
　　　　　TEL 0120(203)696／FAX 0120(202)974
③請求・お支払いに関するご照会・ご要望
　　　　　TEL 0120(203)695／FAX 0120(202)973
└──────────────────────────────┘

●フリーダイヤル(TEL)の受付時間は、土・日・祝日を除く
　9:00〜17:30です。
●FAXは24時間受け付けておりますので、あわせてご利用ください。

企業事例に学ぶ　環境法マネジメントの方法
―25のヒント―

2023年3月25日　　初版発行

著　者　　安　達　宏　之
発行者　　田　中　英　弥
発行所　　第一法規株式会社
　　　　　〒107-8560　東京都港区南青山2-11-17
　　　　　ホームページ　https://www.daiichihoki.co.jp/
デザイン　コミュニケーションアーツ株式会社
印　刷　　株式会社太平印刷社

環境25ヒント　ISBN978-4-474-09256-3　C2036　(9)